JN237997

A BRIEFER HISTORY OF TIME

ホーキング、宇宙のすべてを語る

スティーヴン・ホーキング
レナード・ムロディナウ
佐藤勝彦 訳

ランダムハウス講談社

A BRIEFER HISTORY OF TIME

by Professor Stephen Hawking
and Leonard Mlodinow

Copyright © 2005 by Stephen Hawking
Japanese translation rights
arranged with Writers House, LLC
through Owl's Agency Inc.

Original art copyright 2005 © The Book Laboratory® Inc.
Image of Professor Stephen Hawking (p.41, 62, 154):
© Stewart Cohen
Image of Marilyn Monroe (p.41): The Estate of Andre
de Dienes/Ms. Shirley de Dienes licensed
by One West Publishing, Beverly Hills, Ca. 90212
Image of Galileo Galilei (p.238):
© National Maritime Museum, London
Image of Isaac Newton (p.241):
National Portrait Gallery, London
Cover Art: © The Book Laboratory® Inc.
and James Zhang, 2005
Book Illustrations: The Book Laboratory® Inc.,
James Zhang, and Kees Veenenbos

ホーキング、宇宙のすべてを語る

目次

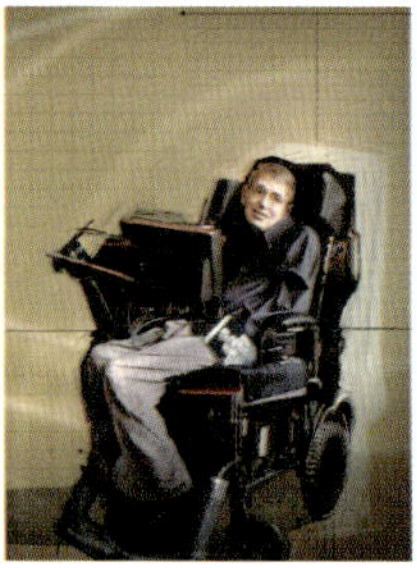

謝辞

バンタムの編集者アン・ハリスには、豊かな経験と才能を生かして原稿を洗練されたものにしてくれたことに感謝します。バンタムのアート・ディレクターであるグレン・イーデルソンの疲れを知らない努力と忍耐力に敬意を表します。アートを担当してくれたフィリップ・ダン、ジェイムズ・ツァン、キース・ヴィーネンボスが少しばかり物理学の勉強をしてくれたおかげで、この本はすばらしいものとなりました。ライターズ・ハウスのエージェント、アル・ザッカーマンとスーザン・ギンズバーグの知性とやさしさとサポートも、とてもありがたいものでした。校正をしてくれたモニカ・ガイ、そしてよりわかりやすい表現を探そうと何度も書き直した原稿に目を通してくれた以下の人たちにも感謝します。ドナ・スコット、アレクセイ・ムロディナウ、マーク・ヒラリー、ジョシュア・ウェブマン、スティーヴン・ヨウラ、ロバート・バーコヴィッツ、マーサ・ローサー、キャサリン・ボール、アマンダ・バージェン、ジェフリー・ボーマー、キンバリー・カマー、ピーター・クック、マシュー・ディッキンソン、ドリュー・ドノヴァニク、デヴィッド・フラリンガー、エレノア・グレウォル、アリシア・キングストン、ヴィクター・ラモンド、マイケル・メルトン、マイケル・マルハーン、マシュー・リチャーズ、マイケル・ローズ、サラ・シュミット、カーティス・シモンズ、クリスティン・ウェブ、クリストファー・ライト。

序文

この本『ホーキング、宇宙のすべてを語る』の英文原著のタイトル、*A Briefer History of Time* は、一九八八年に最初に書いた本のタイトル、*A Brief History of Time*（邦訳『ホーキング、宇宙を語る』）と二文字しか違いません。つまり brief（簡潔な）を briefer（さらに簡潔な）に換えただけです。『ホーキング、宇宙を語る』はロンドンのサンデー・タイムズ紙で二百三十七週間にわたってベストセラー入りしました。そして世界中の男性、女性、子どもたちに、七百五十人に一人の割合で読んでいただきました。現代の物理学でも最も難しい問題を取り上げた本としては、たいへんな成功でした。確かに難しい内容ですが、しかし同時に人類の歴史で問い続けられてきた根元的疑問でもあり、読者のみなさんにはわくわくしながら読んでもらえたことでしょう。私たちは宇宙について本当は何を知っているのでしょうか？　それをどのようにして知っているのでしょうか？　宇宙はどこから来て、そしてどこに行くのでしょうか？　これらの疑問は『ホーキング、宇宙を語る』の主題でしたし、そしてまた、この本の焦点でもあるのです。

『ホーキング、宇宙を語る』が発行されて以来、あらゆる年齢、すべての職業の世界中の読者から、感想、意見や要望が寄せられました。最も多かった読者からの要望は、新しい本を出してほしいというものでした。『ホーキング、宇宙を語る』の本質を維持しつつも、よりわかりやすく、もう少しゆったりと、最も重要な概念を説明するような本を書いてほしいというものです。より詳しい内容を期待する読者は多くいましたが、しかし、大学レベルの宇宙論のコースにふさわしいような、やたらと長い、博士論文のようなものを期待する読者はほとんどいないということはわかっていました。

このたびこのような読者の要望に応え、この本を執筆することにしました。今回新しい本を書くにあたって、私たちは、前の本の不可欠な内容を維持し、かつ膨らませつつ、しかしあまり長くならず読みやすいものにするように努めました。前の本で専門的過ぎた内容は削りましたが、この本の中核となるべき内容については、より深くていねいに解説しました。

またこの機会に、理論や観測における最新の成果を書き加え、改訂しました。この本では物理学のすべての力の完全な統一理論、究極理論を見つけようとする最近の進歩を取り上げます。特に、ひも理論の進歩や、「双対性《そうついせい》」と呼ばれる一見まったく違う物理理論どうしの調和について解説します。これは物理学の統一理論の存在を示す理論です。また、観測の面では、宇宙背景放射探査衛星（ＣＯＢＥ）やハッブル宇宙望遠鏡による新しい重要な観測結果を含めました。

およそ四十年前にリチャード・ファインマンは次のように語っています。「私たちはまだ新しい発見をし続けられる時代に生きることができて、とても幸せです。アメリカ大陸の発見のようなもので、発見は一度しかできないのです。私たちが生きる時代は、私たちが自然の基本法則を発見する時代です」今日、私たちは以前のどの時代よりも、宇宙の本質を理解するのに近い位置にいます。この本を書くにあたって私たちが設定したゴールは、この本によって読者の皆さんと、こうした発見の興奮と、その発見の結果として新たに描き出された真理の姿を共有することです。

1

Thinking About the Universe

宇宙について考える

私たちは奇妙であり、かつ素晴らしくもある宇宙に住んでいます。その宇宙の年齢、大きさ、荒々しさ、そしてその美しささえ、理解するには並はずれた想像力が必要です。そのためこの巨大な宇宙の中においては、私たち人類が存在している場所などほとんど無意味のようにさえ感じられます。だからこそ、私たちはそんな宇宙のすべてを理解しようと努力し、自分たちがどうやってそこに入りこんでいるのかを解明しようとしています。

数十年前のある日、有名な科学者（バートランド・ラッセルであったと言う人もいます）が天文学について一般講演を行いました。彼は私たちの地球がどのように太陽の周囲を回っていて、さらにその太陽が今度はどのように銀河と呼ばれる莫大な数の星の集まりの中心を回っているかを説明しました。すると講演の最後になって、後ろの方にいた一人の老婦人が立ち上がり、言いました。「あなたのおっしゃることは、間違いです。世界は巨大な亀の背中に支えられた平面なのですよ」講演していた科学者はにんまりと微笑み、それから「では、その亀は何の上に立っているのですか？」と尋ねました。するとその老婦人は「お若いの、あなたは賢いね、とても賢い。でもね、亀の下にもたくさんの亀がいるのよ」と答えました。

現在ではほとんどの人は、亀が無限に積み重なった塔が宇宙の概観であるという考えが馬鹿げたものだとわかるでしょう。しかし、それではどうして私たちの考えの方がより正

しいと言えるのでしょうか？　まずは、宇宙についてあなたが知っていること、もしくは知っていると思っていることをしばらく忘れなければなりません。そして、夜空を見上げてみましょう。あなたはそこに見える光の点が何だと考えますか？　小さな火？　それらの本当の姿を想像するのはたいへん難しいでしょう。というのも、それらの本当の姿は私たちの一般的経験からははるかにかけ離れたものだからです。

もしあなたがよく星を見る人なら、おそらくとらえにくい光の点が薄明かりの地平線の近くに浮かんでいるのを見たことがあるでしょう。それは、水星と呼ばれる惑星ですが、私たちの住む惑星とはまったく似ていません。水星の一日は水星の一年の三分の二の時間にあたります。太陽が昇っている間、表面温度は摂氏四百度を超え、夜になるとほぼマイナス二百度まで下がります。水星は私たちの地球とは異なりますが、しかし、恒星に比べればまだ想像がしやすいでしょう。典型的な恒星は毎秒何百億キログラムもの物質を燃やす巨大な炉であり、その核は何千万度もの高温なのです。

もう一つ想像が困難なのは、それらの星が実際にどのくらい遠くにあるかということです。古代の中国人は石造りの塔を造ることで、星をより近くで見ようとしました。恒星や惑星が実際よりも近くにあるように思ってしまうのは当然でしょう。日常生活では、宇宙規模の広大な距離を経験することはありませんから。それらの距離はあまりにも遠いため、私たちが日常たいていの距離を計測するのに用いるメートルやキロメートルの単位で測るのは無意味です。その代わりに、私たちは光年という単位を用います。これは光が一年間に進む距離です。光線は一秒間に三十万キロメートル進むので、一光年はとても長い距離です。太陽を除くと、最も近い恒星はケンタウルス座のプロキシマ星と呼ばれる星（アルファ・ケンタウリCとしても知られる）ですが、これは約四光年離れています。この距離はあまりに遠いため、たとえ設計図上で今日最も速い宇宙船を用いたとしても、そこへの旅には約一万年はかかるでしょう。

古代の人々は必死に宇宙を理解しようとしましたが、しかし現在私たちが持っている数学や科学の知識をまだ得ていませんでした。現在私たちには、強力な道具があります。数学や科学的方法といった知的な道具と、コンピューターや望遠鏡といった技術的な道具です。これらの道具の助けにより、科学者たちは宇宙に関する多くの知識をつなぎあわせてきました。しかし私たちは宇宙について本当は何を知っているのでしょうか？　そしてどのようにそれを理解しているのでしょうか？　宇宙はどこから生まれたのでしょう？　そしてどのような道をたどっていくのでしょう？　宇宙には始まりがあるのでしょうか？　もしあるなら、その前には何が起きたのでしょうか？　時間の本質とは何でしょうか？　そしてそれには終わりがあるのでしょうか？　私たちは時間をさかのぼることができるの

でしょうか？

物理学における近年の大躍進によって、また新しい技術の助けもあって、長い間抱かれていたいくつかの疑問の答えが示唆されています。いつかこれらの答えが、地球が太陽のまわりを回っているのと同じくらい私たちにとって明らかな事実となるか、もしくは亀の塔のようにおかしなこととして受け止められる日が来るかもしれません。時間だけが——時間自身がどんなものであれ——これを解決してくれることでしょう。

2

Our Evolving Picture of the Universe

進化する宇宙像

地球が平坦であると考えている人は、クリストファー・コロンブスの時代になってもまだ大勢いました（現在にも、わずかにいますが）。しかし、現代天文学のルーツは、たどっていくと古代ギリシャにまでさかのぼります。紀元前三四〇年頃、ギリシャ人哲学者のアリストテレスは『天体論』という本を記しました。その中でアリストテレスは、地球は平坦ではなく丸い球であるという考えを展開しています。

この根拠の一つは月食です。アリストテレスは、月食が太陽と月の間に地球が来ることで生じると気がつきました。このとき、地球は自身の影を月へ投影し、月食を起こします。アリストテレスは、その地球の影がいつも丸いのに気づいたのです。これは、地球が平坦な円盤ではなく球状でなければ起こりえないことです。地球が平坦な円盤ならば、太陽が円盤の中心のちょうど真下にあるときのみ、地球の影が丸くなるでしょう。そしてそれ以外のときは、影は細長くなる、つまり楕円となるはずです。

ギリシャ人は、別の論点からも地球が丸いのではないかと考えていました。もし地球が平坦なら、水平線の彼方から近づいてくる船は、最初は小さな何の変哲もない点として見えるはずです。そして、船が近づくにつれて、その帆や主船体といったより詳細な部分が徐々にわかるようになるはずです。しかし、実際はそうではありません。船が水平線から現れると、最初に見える物は船の帆なのです。その後にようやく、主船体が見えるので

す。船の船体の上に高くそびえるマストが、はるか水平線から突き出てきて最初に見える船の部位であるという事実こそが、地球が球状であるという証拠なのです。

ギリシャ人は、夜空にも多くの関心を持っていました。アリストテレスのいた時代までに、人々は何世紀もの間、星の光が夜空をどのように動いたかを記録してきていました。彼らは自分たちが観測した何千もの星のほと

水平線からやってくる船

地球は丸いので、船が水平線から現れるときには主船体よりも先にマストと帆が見えます。

んどすべてが一緒になって大空を横切ることに気づいていましたが、その中で（月を除く）五つの星だけが例外でした。それらの星は、時折、一般的な東から西への軌跡をはずれ、それから元の軌跡へ引き返したりしました。したがってこれらは惑星と名づけられました（ギリシャ語で惑星《プラネテス》とは「放浪者」という意味です）。ギリシャ人は五つの惑星だけを観測しましたが、それは肉眼で観測できるのはこの五つ、水星、金星、火星、木星、土星だけだったからです。現在では、どうして惑星がこのような風変わりな軌跡で大空を移動するかはわかっています。恒星は私たちの太陽系と比べるとほとんど動きませんが、惑星は太陽のまわりを回っているので、夜空での動きは遠く離れた恒星のそれよりもはるかに複雑なものとなります。

アリストテレスは地球は静止しており、太陽、月、惑星、そして星は地球のまわりで円形の軌道を描いていると考えていました。地球は宇宙の中心でありそして円形の軌道が最も完全であるという神秘主義的な理由で、彼はこの考えを信じていました。二世紀になると、もう一人のギリシャ人プトレマイオスがこの考えを完全な天界のモデルへと変えました。プトレマイオスは自分の研究に関して情熱的でした。彼はその手記で「夜空の無数の星々の軌跡を夢中になって追いかけているとき、足はもはや地球を離れ、私は宇宙のまっただ中に、とけこんでいるのだ」と述べています。

プトレマイオスのモデルでは、八つの回転している球が地球を囲んでいます。それぞれの球がその一つ内側の球よりも順々に大きくなっていて、あたかもロシアのマトリョーシカ人形のようです。そして、それらの球の中心に地球がありました。最も外側にある球の向こうには何があるかははっきりとは示されませんでしたが、それは確実に、人類が観測することのできる宇宙の一部ではありませんでした。したがって、いちばん外側の球は宇宙にとっての一種の境界、あるいは容器でした。恒星はその球の上の定位置に固定されており、そのため球が回転すると星々も互いに同じ位置関係を保ったまま、つまり私たちがまさに観測するとおりに、一緒に集団となって夜空を回転するのです。一方、内側の球は惑星を運んでいます。惑星は恒星のようにそれぞれのいる球に固定されてはおらず、周転円と呼ばれる小さな円を描きつつ球の上を動いています。惑星のある球が回転し、惑星自身がその球の上で動くと、地球から見たその惑星の軌道は複雑なものとなります。このようにしてプトレマイオスは、観測される惑星の軌道が単純に円を描いて空を横切るものよりはるかに複雑であるという事実を説明することができました。

プトレマイオスのモデルは天体の位置を予測するにはかなり正確な体系でした。しかしこれらの天体の位置を的確に予測するためには、月が時には普段の二倍も地球に近づくような軌道を描くと仮定しなければなりませんでした。これでは、月が時には普段の二倍の大きさに見えるはずだということになってしまいます！　プトレマイオス自身、自分のモデルのこの欠点を認識していましたが、それでも彼のモデルは、完全にというわけではないにせよほぼ一般的に受け入れられました。そしてこのモデルは聖書に合致する宇宙像としてキリスト教会に採用されました。それは固定された星がある球の外

プトレマイオスのモデル
プトレマイオスのモデルでは、地球は宇宙の中心にあり、そのまわりを８つの球が取り囲んでいます。この８つの球が、知られているすべての天体を運んでいます。

側に、天国や地獄といったもののための余地を残すという大きな利点を持っていたからです。

しかしながら、一五一四年にポーランド人の聖職者ニコラウス・コペルニクスによってそれとは別のモデルが提唱されました。最初、彼は自分の属する教会側から異端者としてみなされるのを恐れたためでしょうか、匿名でそのモデルを広めました。コペルニクスは、すべての天体が地球の周囲を回らなければならないわけではない、という革新的な考えを持っていたのです。彼は実際、太陽系の中心に太陽が静止して存在し、地球や他の惑星は太陽のまわりを円を描いて周回していると考えました。プトレマイオスのモデルと同じように、彼のモデルもよく機能していましたが、観測とは完全には合致しませんでした。それでも、プトレマイオスのモデルに比べればはるかに簡単であったため、それはすぐに受け入れられたはずだと思われるかもしれません。しかし、この考えが真剣に受け止められるようになるには、一世紀もの時間を要しました。一世紀後、二人の天文学者、ドイツ人のヨハネス・ケプラーとイタリア人のガリレオ・ガリレイがようやく公的にコペルニクスの地動説を支持し始めたのです。

一六〇九年にガリレオは、まさに発明されたばかりの望遠鏡を用いて夜空の観測を開始しました。そして惑星の一つである木星を見たとき、彼はいくつかの小さな衛星、つまり木星の月が、木星のまわりで軌道を描いていることを見つけました。これは、アリストテレスやプトレマイオスの考えたようにすべてが直接地球のまわりで軌道を描く必要がないことを示唆していました。同時に、ケプラーはコペルニクスの考えを改良し、惑星が円軌道ではなく楕円軌道を描いていることを提唱しました。そしてこの改良により、理論的な予測と実際の観測がにわかに合致するようになったのです。これらの出来事はプトレマイオスのモデルにとっては致命的でした。

楕円軌道という考えはコペルニクスのモデルを改良するものでしたが、ケプラーとしては、単なる一時しのぎの仮説としか思っていませんでした。ケプラーは自然に関して、なんら観測に基づいていない先入観を持っていました。つまりアリストテレスと同様に、ケプラーも単純に円軌道に比べて楕円軌道の方が不完全だと信じていたのです。惑星がこのような不完全な軌道を描くという考えは、彼にとって最終的な事実としてはあまりにも醜《みにく》いものでした。そしてもう一つケプラーを苦しめたのが、彼は惑星は磁力によって太陽のまわりを回っていると考えていたのですが、その考えと楕円軌道を描くという考えが相反するものであることでした。惑星が軌道を描く理由が磁力であるとするケプラーの考えは間違っていましたが、惑星の動きには何らかの力が作用しているに違いないと気づいた点では彼を評価しなければならないでしょう。惑星が太陽の周回軌道を描く本当の理由が示

されたのはそれからはるか後のことでした。一六八七年に、おそらく物理学においてこれまでに出版された単独の仕事としては最も重要である『自然哲学の数学的諸原理（プリンキピア）』を、アイザック・ニュートンが出版したのです。

この『プリンキピア』の中でニュートンは、静止しているすべての物体はそれに対して何らかの力が働かないかぎり静止状態を維持するという法則を示し、また力の作用により物体が移動したりその移動が変化したりすることを説明しました。そうすると、太陽のまわりで惑星が楕円に動くのはなぜでしょうか？　ニュートンは、それは特定の力が原因であると述べ、手から離した物体がその場で静止せずに地面に向かって落ちていくときに働く力こそが、その特定の力と同じものだと主張しました。彼はその力を重力（gravity）と命名しました（彼がこのように命名する以前は、gravity という言葉には、深刻な雰囲気とか重さの特質といった意味しかありませんでした）。同時にニュートンは、物体が重力の作用を受けたときどのように反応するかを数値で示す数学的方法を発見し、その結果導き出された方程式を解きました。このようにして彼は、地球やその他の惑星が太陽の重力によって、まさにケプラーが予測したように楕円軌道で動くことを示したのです！　ニュートンは、この法則は地面へ落ちるリンゴから恒星や惑星にいたるまで宇宙のすべての物体に当てはめることができるのだと主張しました。地球上での運動を決める法則から天上の惑星の動きを説明できたのは、歴史上、彼が初めてでした。そして、これこそが現代の物理学と天文学の幕開けとなったのです。

プトレマイオスのモデルがくつがえされたからには、もはや宇宙に自然な境界線、宇宙の果てがあると考える理由はありません。さらに、恒星は地球自身の自転により空を回転しているように見えますが、自転の効果を除けば、その位置を動いているようには見えません。地球が太陽のまわりを回っているにもかかわらず、恒星が動かないのは、恒星が私たちの太陽と同じような天体なのだけれど、はるかに遠く離れているためだと考えるのが自然でしょう。私たちは地球が宇宙の中心であるという考えだけではなく、私たちの太陽、そして太陽系もが、宇宙の中では特殊な存在であるという考えさえ捨てたのです。世界の見方がこのように変わったということは、人間の思考に重大な転換が起きたということです。これこそが、宇宙を現代科学の視点から理解する試みの始まりでした。

3

The Nature of a Scientific Theory

科学理論の本質

The Nature of a Scientific Theory
第3章　科学理論の本質

宇宙の本質を語り、また宇宙の始まりや終わりがあるのかどうかを議論するためには、科学理論の本質が何であるかを明確なものにしなければなりません。ここでは、理論というものは、宇宙もしくは宇宙の限られた一部に関するモデルに過ぎず、私たちが行う観測とそれらモデルの中身とを関連づけるいくつかの規則に過ぎないものであるという、簡潔な視点を取るつもりです。したがって理論は私たちの頭の中にこそあれ、他のいかなる現実性をも持っていないのです（現実性というものが何を意味しているとしても）。

よくできた理論とは、二つの要件を満たすものを指します。まず第一に、広範囲にわたる観測結果をわずかしか任意的要素を含まないモデルに基づいて正確に描写できなければなりません。そして第二に、将来観測される結果について明確な予測をすることができるものでなければなりません。たとえば、アリストテレスはすべての物質は土、空気、火、水の四つの元素から作られているというエンペドクレス（前四九三〜四三三頃）の理論を信じていました。これは確かに十分に簡潔ですが、しかしなんら明確な予測をするものではありませんでした。一方、ニュートンの重力理論（万有引力理論）はより簡潔なモデルに基づいています。物体がそれぞれの質量と呼ばれる量に比例し、かつ互いの距離の二乗に反比例する力によって互いに引きつけあうというものです。しかもそれは簡潔なだけでなく、太陽、月、惑星の動きを高い精度で予測するものでした。

どんな物理的理論でさえ、暫定的なものであり、ある意味で単なる仮説に過ぎません。そして、決してそれを証明することはできないのです。つまり、たとえ何度となく実験の結果がある理論と合致したとしても、その次の実験でもその理論と矛盾する結果が出ないとは決して断言できないのです。他方では、理論的な予測と食い違う観測結果をたった一つでも見つけたら、その理論を論破できます。科学哲学者カール・ポパーは、よくできた理論とは、観測によって誤りであることが原則的に証明されうる複数の予測を行うものだと強調しています。つまりそこから導かれる予測が実験・観測によって正しいかどうかを証明できない理論など、価値がないのです。理論からの予測と合致する新しい実験結果が観測されるたびに、その理論は生き延び、私たちのその理論に対する信用も増加します。しかし、もし新しい観測が予測と異なるものであれば、私たちはその理論をあきらめるか、改良しなければなりません（もっとも、その観測を行った人の能力を疑問視した方がいい場合も多々あります）。

実際には、新しい理論は以前のものからの拡張として考え出されることがよくあります。たとえば、水星を非常に厳密に観測したところ、非常にわずかではありますがニュートンの万有引力理論に基づく予測と食い違う動きが明らかとなりました。一方、アインシュタインの一般相対性理論は万有引力とはわずかに異なるこの動きを予測しました。アインシュタインの予測が実際に観測されたものと一致した一方で、ニュートンの予測では一致しなかったという事実こそが、新たな理論の存在の決定的な確証の一つなのです。しかしながら、万有引力理論の予測と一般相対性理論の予測の差は私たちが通常扱う状況においてはほんのわずかであるため、いまだに万有引力を多くの実用的な目的に用いています。万有引力理論は一般相対性理論に比べてはるかに扱うのが簡単だという大きな利点もあります。

科学の最終目標は、全宇宙の事象をすべて説明することのできる一つの理論をもたらすことです。しかし、ほとんどの科学者が実際に取り組む方法は、問題を二つの部分に分けることです。まず一つは、宇宙が時間とともにどのように変化するかを私たちに伝えてくれる法則を探すことです（つまりある時点での宇宙の状況を知ることができれば、この物理法則によりその後いかなる時点での宇宙の状況も知ることができるのです）。そして二つめは、宇宙の初期状態がどのようなものだったかという疑問を解決することです。

科学は一つめの部分にのみ関心を持つべきだと考える人たちもいます。彼らは宇宙の初期の状況という問題を形而上学的または宗教的なものとみなします。神は全能なのだから、望むがままの形で宇宙を始めることができたのだ、と言うのです。そうかもしれませんが、もしそうだとするなら、神は宇宙を完全に気まぐれな方法で進化させることもできたはずです。しかし、実際には神は何らかの法則に従った非常に規則的な方法で宇宙を発展させることを選んだようです。したがって、初期状態を支配する何らかの法則があると考えることも同様に妥当に思えます。

宇宙のすべてを丸ごといっぺんに説明する理論を考案するのは非常に困難であることは明らかです。私たちはその代わりに、問題を細かく分割し、部分的な理論を作り出してきました。これらそれぞれの部分的な理論は、観測された事実のうちある限られた事象についてのみ説明したり予測したりすることはできますが、それ以外の要素がもたらす影響は無視するか単純な数字として表します。おそらくこのアプローチは完全な誤りでしょう。もし宇宙に存在するすべてがお互い根本的に依存しあっているならば、他と切り離して問題の一部のみを調べることで完全な解決策に近づくことは不可能なはずだからです。それにもかかわらず、私たちはこれまでこうした方法で進歩してきました。ここで再び典型的な例としてニュートンの万有引力をあげると、これは二つの物体の間に働く重力がその質量という固有の数値にのみ依存していて、その物体が何からできているかには関係がないことを私たちに教えてくれます。したがって、太陽や惑星の軌道を計算するためにはそれらの構造や構成成分についての理論を必要としないのです。

現代では、科学者たちは基本となる二つの部分的な理論の観点から宇宙を説明しています。それは一般相対性理論と量子力学です。これら二つの理論は二十世紀前半の偉大な知的業績です。一般相対性理論により重力、そして宇宙の巨大構造、つまり数キロメートルの距離から、観察しうる宇宙の果てである百万の百万倍の百万倍の百万倍キロメートル（一のあとに〇が二十四個続く）にいたるまでの規模の構造が明らかとなっています。他方で、量子力学は一センチメートルの百万分の一の百万分の一のよ

原子から銀河へ
物理学者たちは20世紀前半、アイザック・ニュートンが描いた日常の事象から、私たちの銀河の中の最小のものと最大なものという両極端にまで、自分たちの理論を拡張しました。

うな非常に小さなスケールでの現象を扱っています。

しかしあいにくなことに、これら二つの理論は互いに矛盾していることが知られています。すなわちそれら両方ともが正しいはずはないのです。現在、物理学ではそれら二つの理論両方を取り入れる新しい理論、すなわち重力についての量子力学を探すことに主な努力が払われています（そしてこれがこの本の主なテーマでもあります）。私たちはこのような理論をまだ得ておらず、またそれを得るまでには長い道のりがあるでしょうが、しかしすでにその理論が持っているに違いない特徴を多く知っています。そして後の章で触れることになりますが、私たちはすでに重力についての量子力学が予測するに違いないことを多く知っています。

さて、宇宙は気まぐれなものではなく明確な法則に支配されていると考えるならば、最終的には部分的な理論を結合して宇宙のすべてを説明するであろう完全な統一理論を作り出さなければなりません。しかしこのような完全な統一理論を探すことには根本的な矛盾があります。前述したような科学理論での考えでは、私たちは望むままに宇宙を観察し、そこから論理的推論を描くことが自由にできるほど、合理的な生き物であることを前提としています。この前提が正しければ、確かに私たちは自分たちの宇宙を支配している法則へとより近づけるかもしれないと考えることも妥当です。しかし、本当に完全な統一理論が存在するとしたら、その理論は私たちの行動さえおそらく決めているはずです。そしてその理論自身が私たちの研究から導き出される結果を決定することでしょう。はたしてこの理論は、私たちが観測事実から正しい結論にいたることを決定しているのでしょうか？　私たちが誤った結論を引き出すことを決定づけている可能性も同等にあるのではないでしょうか？　もしくはまったく結論が存在しないのでしょうか？

私がこの問題に対してただ一つ答えられることは、ダーウィンの自然淘汰の原理に基づいたものです。その原理とは、繁殖能力を持つ有機体のどんな集団でも、それぞれ異なる個体が持つ遺伝情報と成育環境にはバリエーションがあるであろうというものです。そうした違いがあるということは、ある個体は他の個体よりも、自分たちの周囲の環境について正しい結論を導きだし、それに従って行動することにたけているのです。これらの個体は生き残って繁殖する可能性が高く、結果としてこれらの個体が取る行動と思考のパターンが優勢になるでしょう。

確かに過去において、私たちが知的で科学的な発見と呼ぶものが私たちに生存における利点をもたらしたのは事実です。しかしこれがいまだに当てはまるかどうかはわかりません。私たちの科学的発見が私たちの全滅をもたらすことも考えられるし、もしそうではないとしても、完全な統一理論は私たちが生き続けるチャンスにあまり大きな変化をもたらさないかもしれません。しかしながら、宇宙が規則的な方法で進化してきたならば、自然淘汰が私たちに与えた推測能力は完全な統一理論を探し求めることにおいても妥当であり、そのため誤った結論へと私たちを導くこともないでしょう。

私たちがすでに得ている部分的理論は極端な状況を除けばどんな場合でも十分に正確な予測ができるので、宇宙についての究極の理論を探すことを実践的な理由で正当化するのは難しいように思えます（もっとも相対性理論と量子力学の両方に対して同様の議論をすることは無駄でしょう。というのもこれらの理論により私たちは原子力とマイクロエレクトロニクスで革命的進化をとげたのですから）。したがって、完全な統一理論を発見することは私たち人類の生存の助けにはならないかもしれません。私たちのライフスタイルにさえ、何ら影響を及ぼさないかもしれません。しかし文明が始まって以来、人々は森羅万象を何ら無関係で不可解なものとして見るようなことに満足していません。人々は世界に内在する秩序を理解することを切望してきたのです。今日でも、私たちは「自分がなぜここにいるのか、そしてどこから来たのか」を知りたくてたまりません。人類が持つ知識への深い渇望は、私たちが続けている探索を正当化するのに十分です。そして、私たちが生きている宇宙を完全に説明することが、私たちの目標にほかならないのです。

4

Newton's Universe

ニュートンの宇宙

物体の動きに関する私たちの現在の考えは、ガリレオとニュートンの時代までさかのぼります。彼らより前の時代には、物体の自然状態は静止状態であり、それは力あるいは衝撃を受けたときにのみ動くと述べたアリストテレスを人々は信じていました。これはつまり、重い物体がより強い力で地球へ引かれるため軽い物体よりも速く落ちるということです。また、アリストテレス学派は伝統的に純粋思考だけで宇宙を支配するすべての法則を考え出すことができると考えていました。つまり、観測によってその法則をチェックする必要がなかったのです。そのため、ガリレオが実験するまで誰も、質量の異なる物体が実際に異なる速度で落ちるかどうかを見ようとはしなかったのです。

　ガリレオはイタリアにあるピサの斜塔から物体を落として、アリストテレスの考えが誤りであることを示したと言われています。この逸話はほぼ確実に事実ではありませんが、しかしガリレオがそれと同等の実験をしたことは確かです。彼はなだらかな斜面の上で、質量の異なるボールを転がしたのです。これは重い物体を垂直に落とす場合と似ていますが、そのスピードが遅い分、より観測が容易です。ガリレオの測定結果は、「物体はその質量にかかわらずその速度は同じ割合で増加する」というものでした。たとえば具体的に、十メートルごとに一メートル下がる斜面にボールを転がす実験をするとしましょう。ボールがどんなに重いものだとしても、最初の一秒はおよそ秒速一メートルで転がり、二秒後には秒速二メートルとなり、その後も同様です。もちろん、鉛のおもりは羽根より速く落ちるでしょうが、しかしそれは単に羽根が空気抵抗により減速するためです。重さの異なる鉛のおもりのように空気抵抗のほとんどない二つの物体を落とせば、それらは同じ割合で落ちるでしょう（まもなくその理由がわかることでしょう）。物を減速させる空気のまったくない月面で、宇宙飛行士デヴィッド・R・スコットは羽根と鉛のおもりの実験を行い、それらが本当に同時に月面にぶつかることを確認しました。

ガリレオによる測定はニュートンによって物体の運動法則の基礎として用いられました。ガリレオの実験では、物体は斜面を転がるときに常に同じ強さの力（その物体の重さ）の作用を受けており、その結果一定の加速度で加速するのです。つまり力の本当の作用とは、以前から考えられていたように物体を動かすというのではなく、その速度を変化させる、つまり加速させるものであることがわかったのです。したがって、物体は力の作用を受けていないときはいつでも、等速度で直進し続けることになります。この考えは一六八七年にニュートンの『プリンキピア』において初めて明確に記述されたもので、ニュートンの第一法則として知られています。力が物体に作用すると何が起こるのかは、ニュートンの第二法則で述べられています。物体はそれに作用する力に比例してその速度を変化させる、つまり加速するのです（たとえば、力が二倍大きくなると、加速度も二倍大きくなります)。また、物体の質量が大きいほど加速度は小さくなります(二倍の質量の物体に同じ力が作用すると、加速度は半分となります)。身近な例としては車があげられます。エンジンが強力であればあるほど加速度は大きくなりますが、同じエンジンでは重い車ほど加速度は小さくなります。

物体が力に対してどのような反応を見せるかを示したニュートンの物体の運動法則に加

物体が合体したときの重力の強さ
物体の質量が2倍になれば、その重力も2倍になります。

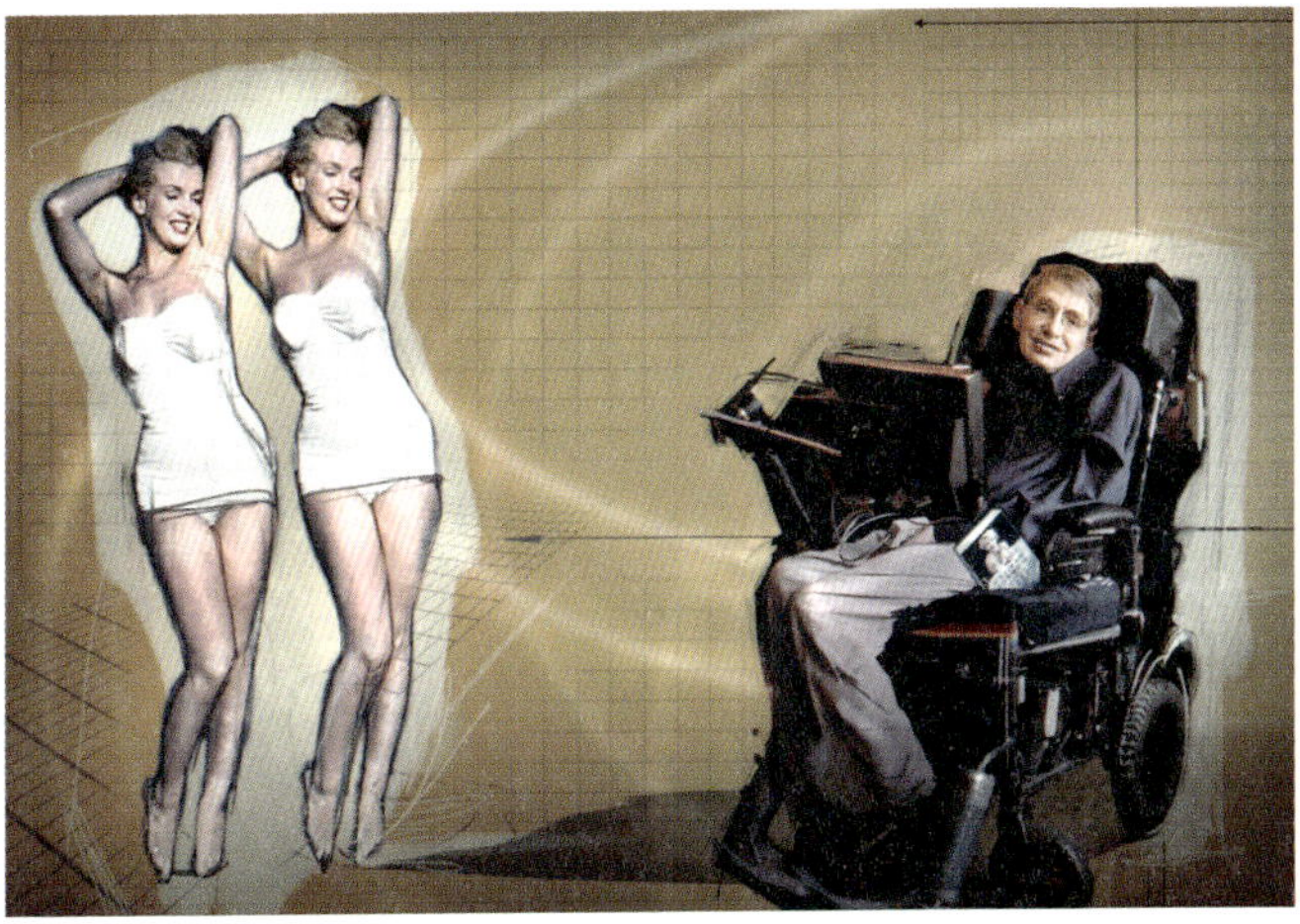

えて、ニュートンは万有引力の法則を導きました。この法則は、力の一種である重力の強さが、物体の質量や、力の働く物体の間の距離によってどのように変わるかを示しています。前述したように、この理論によると、すべての物体はそれぞれの質量に比例した力で互いに引きあいます。つまり、二つの物体の間で働く力は、もしその片方の物体（物体Aとしましょう）の質量が二倍になったなら、二倍となるのです。これは容易に想像できることでしょう。なぜなら、その質量が二倍となった物体Aはもとの物体と同じ質量を持った二つの物体からなりたっているとみなせるので、そのそれぞれが物体Bをもとの力で引いていると考えればよいからです。したがって、物体Aと物体Bの間に働く力の合計はもとの力の二倍となります。そして、片方の質量が六倍になるか、あるいは片方の質量が二倍、もう片方の質量が三倍になれば、それらの間に働く力は六倍強くなります。

どうしてすべての物体が同じ割合で落ちるかが、もうわかった人もいることでしょう。ニュートンの万有引力の法則によると、二倍の質量の物体は二倍の重力で引っ張られます。しかし、同時にそれは二倍の質量を持っていることから、ニュートンの第二法則より、同じ力なら加速度は半分となるのです。ニュートンの法則によると、これらの二つの効果はちょうど互いに打ち消しあい、結果として加速度は質量にかかわらず同じになるのです。

ニュートンの万有引力の法則は同時に、物体が遠く離れれば離れるほど力が小さくなることも述べています。それによると、星の引力は距離が半分のところにある別の星と比べると正確に四分の一となります。この法則は高い精度で地球、月、そして惑星の軌道運動を予測しています。もし星の引力が距離とともに弱まる速度がこれよりも速かったり遅かったりするという法則であったならば、惑星の軌道は楕円にはならず、らせんを描いて太陽へと落ちていくか、もしくは太陽から逃げてしまうことでしょう。

アリストテレスの考えとガリレオやニュートンの考えの大きな相違点は、何らかの力や衝撃がなければ物体は静止状態を取るはずだとアリストテレスが信じていたことです。特に、彼は地球が静止していると考えていました。しかし、ニュートンの法則からは唯一の静止状態の基準などないことになります。物体Aが静止していて物体BがAから見て一定の速度で動いていたと言うこともできますし、物体Bが静止していて物体Aが動いていたと言うこともできるでしょう。たとえば、しばらく地球の自転と公転を忘れることにすると、地球が静止していてその上を走る列車が北へ時速百五十キロメートルで走っているとも言えるし、列車が静止していて地球が南へ向かって時速百五十キロメートルで動いているとも言えるでしょう。その列車の中で動く物体に関する実験を行ってみれば、すべてのニュートンの法則は正しく機能するはずです。ニュートンが正しいのでしょうか？　それともアリストテレスでしょうか？　どうすればわかるのでしょう？

　これを確かめるテストの一つは次のようなものです。あなたが箱の中にいることを想像してみましょう。そしてその箱が動いている列車の床に置かれているのか、それともアリストテレスの静止状態の基準である地面に置かれているのか、あなたは知らないとしましょう。それを知る方法はあるでしょうか？　もしあるならば、アリストテレスは正しいかもしれません。つまり地面での静止状態は何らかの特別なものだということになるのです。しかし、もしその列車の箱の中で実験を行ったとすると、その結果は「静止した」列車のプラットフォームで行う場合とまったく同じものになるでしょう（ただし列車の線路にはでこぼこはないし、列車に乗っている間にカーブやその他不具合はないという前提です）。すなわち列車内でピンポンをすると、そのピンポン球の動きは線路のそばの台で行う場合とまったく同じなのです。また、地球に対して時速〇、八十、百五十キロメートルというように異なった速度で走る列車にある箱の中で同じことをしても、球はそれらすべての状況において同じように動くのです。

　これこそが世界のしくみであり、ニュートンの法則が数学的に反映していることです。動いているのが列車なのかそれとも地球なのかを知ることはできないのです。物体の動きという概念は、それが他の物体と関連しているときにのみ理解できるのです。

アリストテレスとニュートンのどちらが正しいかは重要なのでしょうか？　これは単に見解や哲学の違いなのでしょうか？　それとも科学にとって重要な問題なのでしょうか？　実際には、絶対的な静止状態の基準がないことは物理学において深い意味があります。異なる時間に生じた二つの事象が同じ空間の同じ場所で起きたのかどうかを、明らかにすることができなくなるからです。

これをイメージするには、まず列車内で誰かがピンポン球を垂直方向に弾ませ、球が台に二度、しかも同じ場所にぶつかったと考えてみましょう。その人にとって一回目と二回目に球がぶつかった場所は空間的にまったく離れていません。しかし線路の横に立っていた人にとっては、球がぶつかった二か所は四十メートルほど離れていることでしょう。なぜなら、列車は球が弾んでいる間にその分だけ直進したからです。ニュートンによると、この二人の観測者はそれぞれ自分が静止状態にあると考える権利があり、そのため二人の見解は等しく受け入れられます。アリストテレスが信じたように、片方の見解が他方より正しいということはありません。事象が観測された二つの場所とそれらの距離は、列車内の人と線路の横にいた人によって異なり、したがって片方の観測をもう一人の観測よりも正しいとする理由はないのです。

ニュートンはこの絶対的な位置、これは絶対空間と呼ばれていましたが、これが存在しないことにたいへん頭を悩ませていました。なぜなら、絶対的な神がいるという彼の考えと一致しなかったからです。事実、彼は自分の理論が絶対空間の欠如を示唆したにもかかわらず、それを受け入れるのを拒否しました。彼はこの不合理な信念のために多くの人から批判されました。中でも有名なのは、ジョージ・バークレー司教によるもので、哲学者である彼はすべての物

距離の相対性
物体が移動する距離と経路は、観測者によって違って見えます。

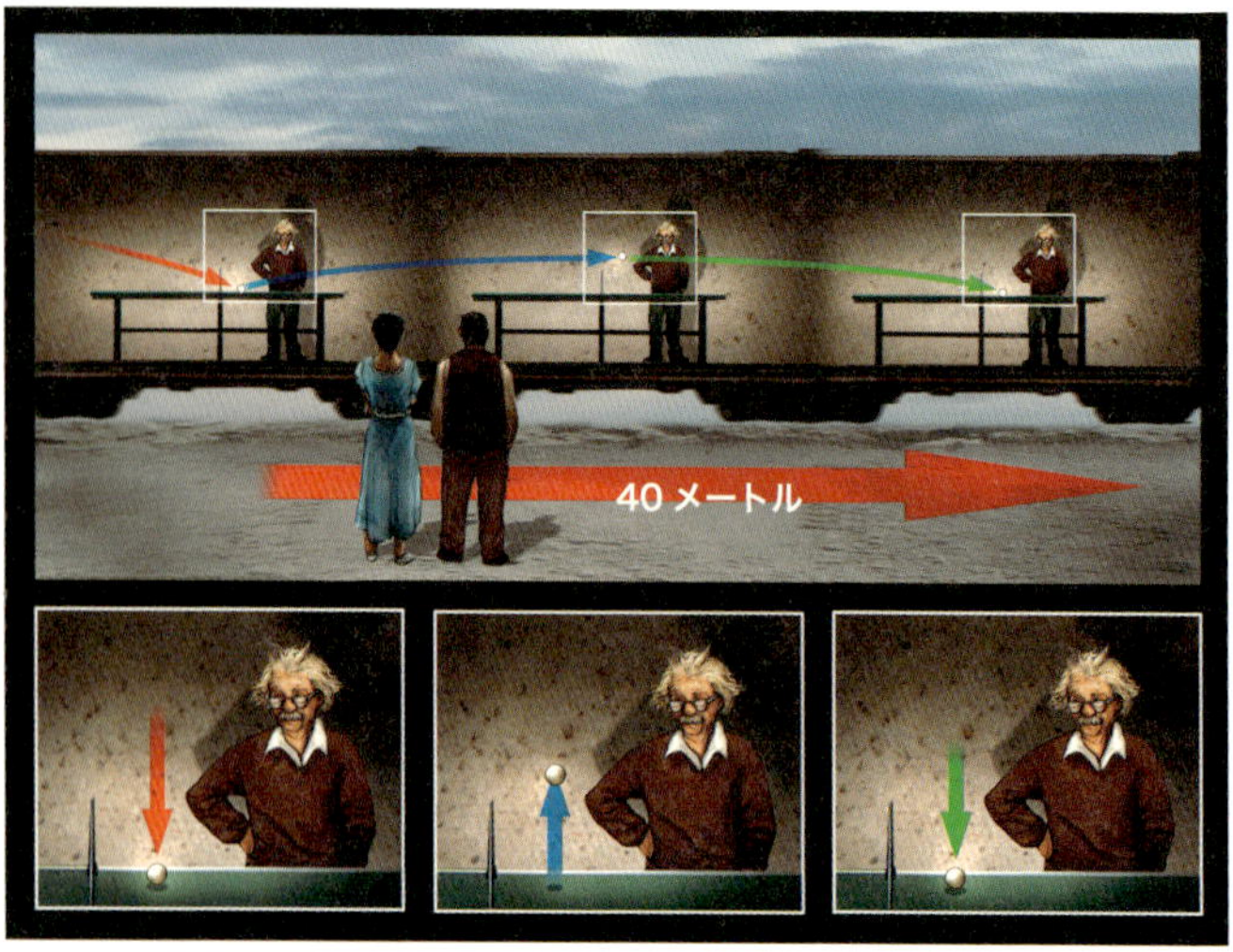

質的物体と空間と時間は幻想だと信じていました。有名なサミュエル・ジョンソン博士はバークレーの意見を聞いたとき、「私はこうして反駁《はんばく》する！」と叫び、大きな石につまさきをぶつけました。大きな石は確かに存在しているのだ、幻想ではないのだと。

　アリストテレスとニュートンの双方とも、時間は絶対だと信じていました。二つの出来事が起こった時間の差、つまり二つの事象間の時間間隔は正確に測定することができ、この時間は良質な時計さえあれば誰が測定しても同じであると信じていたのです。絶対空間と違い、絶対時間はニュートンの法則とつじつまが合っていました。これは、大部分の人々がまったく常識的に持つ見解でしょう。

　しかしながら、二十世紀に物理学者たちは時間と空間に対する彼らの考えを変えなければならないことに気づきました。今後の章で見ていくことになりますが、彼ら物理学者たちはピンポン球が跳ねた場所の間の距離のように、二つの事象間の時間間隔も観測者に依存していることを発見したのです。また、時間は空間から完全に切り離してとらえることができず、空間から独立していないことも発見しました。こうした発見を理解する鍵は光の特性に対する新しい見識でした。これらは私たちの経験に相反するように思えるかもしれません。しかし私たちが日常生活で当然と感じる常識は、比較的ゆっくりと動くリンゴや惑星などといったものを扱うときには通用しますが、光の速さやそれに近い速さで動くものに対してはまったく通用しないのです。

5

Relativity

相対性理論

光が有限ではあるが非常に速い速度で進むという事実は、一六七六年にデンマーク人天文学者オーレ・クリステンセン・レーマーによって最初に発見されました。木星のいくつかの月を観測すると、時々それらが巨大な惑星の後ろを通るため見えなくなることがあるのに気づきます。木星でのこれらの月食は一定間隔で生じるはずです。しかしレーマーは、月食が等間隔には起きていないことを観測したのです。月がどうにかして軌道上で速度を上げたり下げたりしたのでしょうか？　レーマーはこれを別の考えで説明できることに気づきました。もし光が無限の速度で進むのなら、地球上にいる私たちは月食の生じたまさに同時刻に、宇宙の時を刻む時計の針の動きと同時に、月食を一定間隔で観測するはずです。光はどんな距離でも瞬時に伝わるはずなので、たとえ木星が地球に近づいたり遠ざかったりしてもこの状況に変化はないでしょう。

それでは、光が有限の速度で進むと想像してみましょう。もしそうだとすると、私たちはそれぞれの月食をそれらが起きた後しばらくしてから見ることになります。この遅れは光の速度、および地球からの木星の距離に依存しています。もっとも木星が地球からの距離を変えないとするなら、その遅れはどの月食でも同じはずです。しかしながら、木星は時折地球に近づくことがあります。この場合、それぞれの連続した月食から出る「信号」が伝わる距離はより小さくなるので、木星が一定の距離の位置にあり続ける場合と比べて徐々に早く到着することになります。同じ理由で、逆に木星が地球から遠ざかっているとき、月食は徐々に遅く観測されることになります。この信号の到着が早くなったり遅れたりする程度は光の速度に依存しているので、それにより光の速度を測定することができます。これがレーマーの使った方法です。彼は、木星の月のうちの一つの月食が一年に数回地球

光の速度と月食のタイミング

木星の月の月食が観測される時間は、実際に月食が起きた時間と、その信号が光として木星から地球に届くまでの時間の両方に依存しています。したがって、月食が観測される回数は木星が地球から近づいているときにはより多く、遠ざかっているときにはより少なくなります。

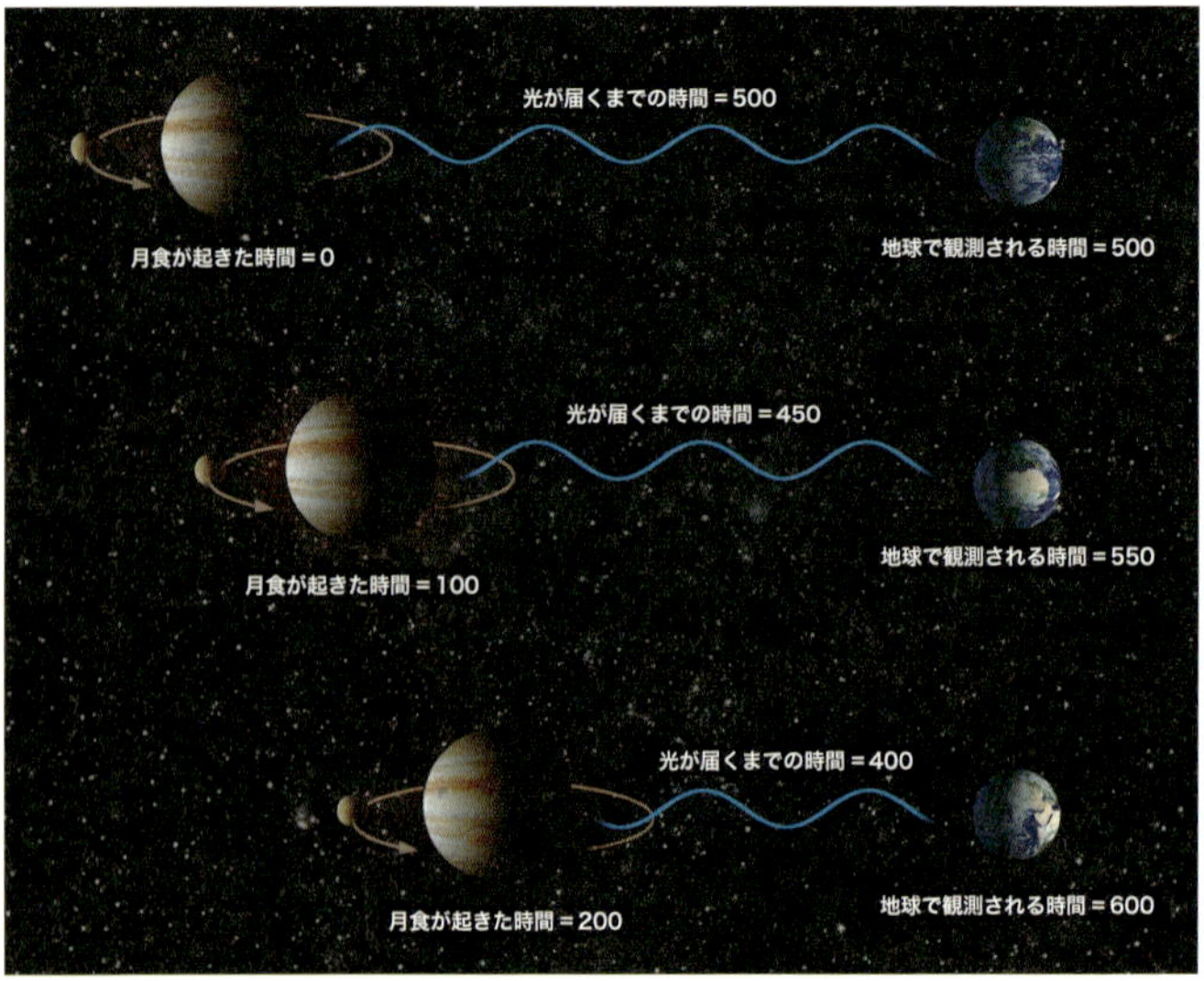

が木星軌道に近づくときに早く観測され、逆に地球が離れているときに遅く観測されることに気づき、この違いを用いることで光の速度を計算したのです。しかし彼が測定した地球と木星の距離はそれほど正確ではなかったので、彼の計算した光の速度は、現在わかっている秒速三十万キロメートルという値に対し、秒速二十三万キロメートルというものでした。とはいえ、レーマーの業績は光の速度が有限であることを示しただけでなく、光の速度そのものを測定したことで、注目に値します。ニュートンの『プリンキピア』出版の十一年も前のことです。

一八六四年にイギリス人物理学者ジェームズ・クラーク・マクスウェルが、当時電気と磁気に関する力を説明するのに用いられていたいくつかの法則をまとめあげ、一つの理論に統合することに成功しました。これによりようやく光の伝達に関する正しい理論ができあがります。電気も磁気も古代から知られてはいましたが、十八世紀になって初めて、イギリス人化学者ヘンリー・キャベンディッシュとフランス人物理学者シャルル・オーギュスタン・ド・クーロンが、荷電した二つの物体の間の電気力を決定する量的な法則を確立しました。それから数十年後、十九世紀の初めには、多くの物理学者が磁力についても同様に法則を打ち立てました。マクスウェルはこうした電気力や磁力が互いに直接作用しあう粒子から生じるのではないことを数学的に証明しました。電荷や電流はすべて周囲の空間に場を作り出し、その場が同じ空間内にある他の電荷や電流に対して力を及ぼすのだということを示したのです。彼は一つの場に電気力も磁力も存在すること、すなわち電気と磁気は同じ力の切っても切れない二つの側面であることを発見し、この力を電磁力、それが生まれる場を電磁場と呼びました。

マクスウェルの方程式は、電磁場には波のようなゆらぎが存在し、この波は池のさざ波のように一定の速度で伝わることを予測していました。彼がこの速度を計算すると、それは光の速度とちょうど一致したのです。波というのは山と谷が連続してできていますが、その山と山、または谷と谷の間の距離のことを波長と呼びます。マクスウェルの波、つまり電磁波は、波長が〇・四から〇・八マイクロメートル（一マイクロメートルは一万分の一センチメートル）のときには可視光、つまり人間の目で光として見ることができます。可視光よりも波長の短い波は現在では紫外線、エックス線、そしてガンマ線として知られています。より長い波長の波にはラジオ波（波長が一メートルかそれ以上）、マイクロ波（波長が約一センチメートル）、赤外線（波長が可視光より長く、一マイクロメートルより短い）があります。

マクスウェルの理論は、ラジオ波や光の波がある一定の決まった速度で伝わるということを示しています。これを、絶対的な静止状態の基準は存在しないというニュートンの理論と調和させるのは難しいことでした。なぜなら、そうした基準がないのであれば、物体の速度に関して普遍的に当てはまることは言えないからです。これを理解するために、もう一度列車の中でピンポンをしていると想像してみましょう。ピンポン球を時速十キロメートルで列車の進行方向にいる対戦相手に向かって打つとすると、プラットフォームにいる観測者にはその球は時

波長
波長とは、連続する波の山と次の山、または谷と次の谷との間の距離のことです。

速百キロメートルで動いているように見えるでしょう。時速十キロメートル分が列車に対して球が動いている速さであり、それに加えて時速九十キロメートル分がプラットフォームに対して列車が動いている速度です。球の速度は、時速十キロメートルなのでしょうか、それとも時速百キロメートルなのでしょうか？　その速度はどうやって定義すればよいのでしょう？　列車に対してでしょうか、地球に対してでしょうか？　絶対的な静止状態の基準がなければ、球の絶対的速度を決めることはできません。何を基準にして速度を測定するのかによって、一つの球がどんな速度を持っているとも言えるのです。ニュートンの理論によると、同じことが光でも言えます。すると、光の波がある固定された速度で伝わるというマクスウェルの理論は何を意味するのでしょう？

マクスウェルの理論とニュートンの法則を互いに調和させるために、どこにでも、からっぽの空間である真空にさえ存在するエーテルと呼ばれる物質が考え出されました。このエーテルという考えは確かに科学者たちにとって魅力的でした。なぜなら彼らは、水の波が伝わるには水が必要であり、音波が伝わるには空気が必要なのだから、電磁エネルギーの波にもそれを運ぶ何らかの媒体が必要に違いないと感じたからです。こう考えると、光の波は音波が空気中を伝わるようにエーテル中を伝わることになり、したがってマクスウェルの方程式から導き出されたその「速度」はエーテルに対して測定される速度だということになります。観測者に向かっていく光の速度は観測者によって異なるものとなりますが、エーテルに対する速度は一定です。

この考えが正しいか間違っているかをテストすることができます。光を放つ光源を考えましょう。エーテ

異なる速度のピンポン球

相対性理論によれば、物体の速度は観測者によって違っていても、すべて正しいことになります。

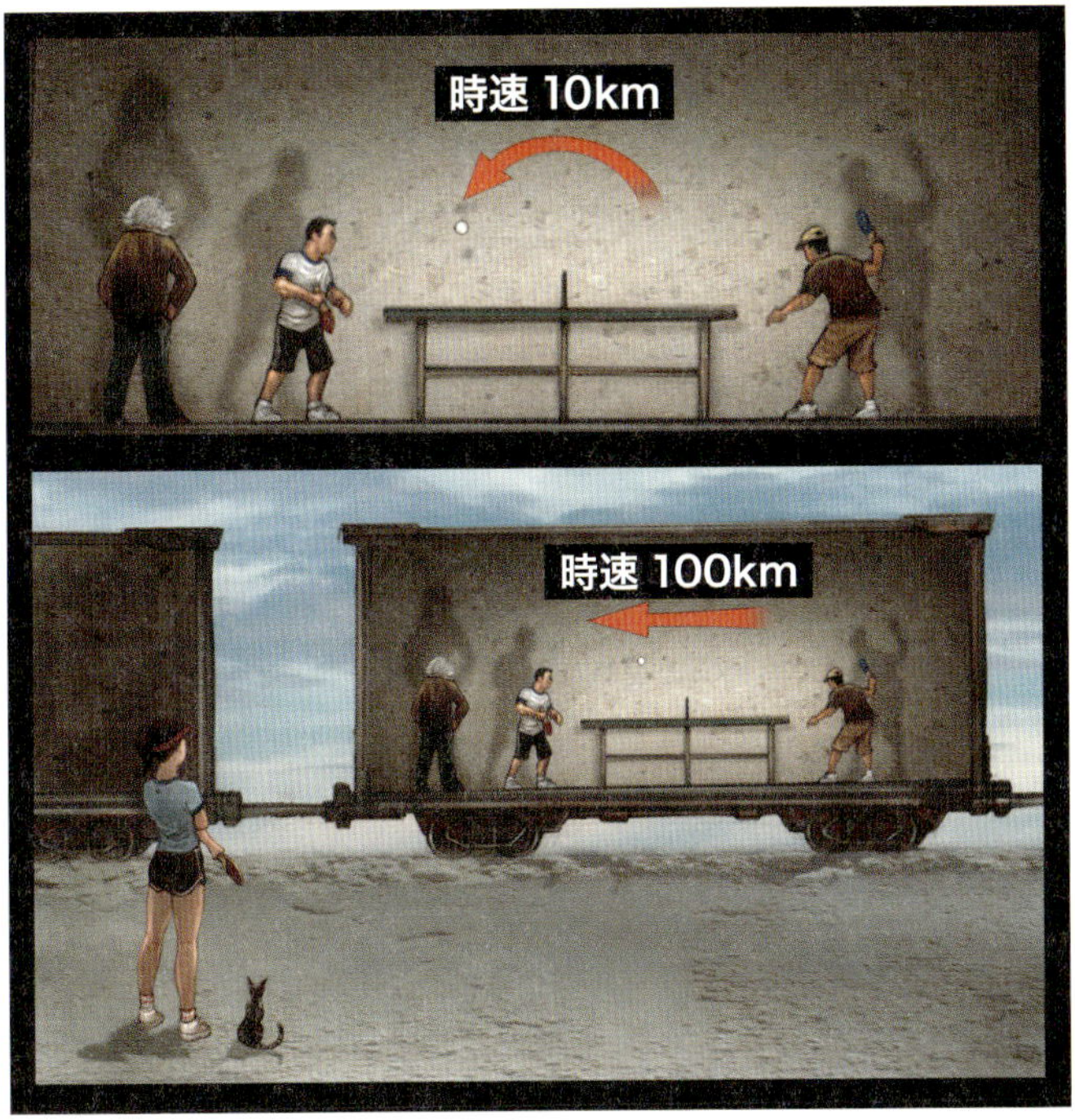

ル理論によるとエーテル中を光が光速で伝わるはずです。そしてその光源に向かってエーテル中を観測者が動くと、光が観測者に近づく速度はエーテル中の光の速度とエーテル中で観測者が移動した速度の合計となるはずです。そして観測者が動かなかったり異なる方向へ移動した場合よりも、光はより速く観測者に近づくことになります。しかし光の速度は観測者が光源に向かって動く速さと比べるとあまりにも速いため、この速度の違いを測定するのが困難でした。

一八八七年、アルバート・マイケルソン（後にアメリカ人初のノーベル物理学賞を受賞した）とエドワード・モーリーがクリーブランドにある応用科学ケース学校（現在のケース・ウエスタン・リザーブ大学）でたいへん困難な実験を、きわめて慎重に行いました。地球がおよそ秒速三十キロメートルの速さで太陽の公転軌道を動いていることから、彼らの研究所自体もエーテル中を速い速度で移動していることに気づいたのです。もちろん、どちらの方向へか、どのくらいの速度でか、またはエーテルそのものがまず太陽に対して動いているかどうか、誰も知りませんでした。しかし一年の異なる時期に何度も実験を行えば、地球はそのとき軌道上の異なる位置を運動しているので、これらの未知の速度を測定できるかもしれないと期待したのです。マイケルソンとモーリーはエーテル中で地球が動く方向で測定した光の速度（光源へと向かう場合）と、地球の動きと直角方向で測定した光の速度（光源へと向かわない場合）を比較するための実験を行いました。するとたいへん驚いたことに、双方の速度がまったく同じだったのです。

一八八七年から一九〇五年にかけて、エーテル理論を残そうとする試みが数多くなされました。最も有名なのは、オランダ人物理学者ヘンドリック・ローレンツです。彼はエーテル中を移動するときに物体が収縮し、時計の進みが遅くなるという仮説を立て、マイケルソンとモーリーの実験を説明しようとしました。しかし、一九〇五年にこれまでまったく無名だったスイスの特許事務所の事務員アルバート・アインシュタインが、有名な論文で、絶対時間という考えを放棄するならばエーテルそのものが不必要になると指摘しました（なぜかはすぐ後に述べます）。フランスの一流の数学者アンリ・ポアンカレは数週間後に同様の指摘をしました。アインシュタインの議論はポアンカレよりも物理学的でした。ポアンカレはこの問題を純粋に数学上のものと考え、アインシュタインの理論を自身が死ぬまで受け入れなかったのです。

当時、相対性理論に関する基本原理と呼ばれていたアインシュタインの理論は、「科学の法則はどんな速度で動き回っている観測者にとっても同じである」というものです。これはニュートンの運動法則には当てはまることでしたが、しかしアインシュタインはさらにその考えをマクスウェルの理論にまで発展させました。言い換えると、マクスウェルの理論では光の速度は一定の値であると述べていることから、どんな速度で自由に動き回っている観測者でも、たとえ光源に対して向かっていこうが離れていこうが関係なく、同じ値として測定するというのです。エーテルやその他都合のよい基準を用いることなく、この単純な考えは確かにマクスウェルの方程式に現れる光の速度の意味を説明しています。しかしこの考えは、驚くべき、また時には直感に反する結果をも含んでいます。

たとえば、「光の速度はどんな速さで動き回っている観測者にとっても同じである」という条件を満たすためには、時間に対する概念を変えなければなりません。加速している列車の例をもう一度考えてみましょう。第4章で見たように、列車の中でピンポン球を弾ませている人は球が進んだのはほんの数センチメートルだけだと言いますが、プラットフォームからそれを見た人は四十メートルは進んだと言うでしょう。同じように、列車に乗った観測者が懐中電灯を照らした場合も、二人の観測者の間で光が進んだ距離について意見が食い違うはずです。速度は距離を時間で割ったものなので、光が進んだ距離について食い違うのなら、光の速度について合意するには、光が進んだ時間についても食い違っていなければなりません。言い換えると、相対性理論では絶対時間という考えに終止符を打たなくてはならないのです。その代わり、それぞれの観測者には自分が持っている時計で計測される独自の時間があると考えることができます。それぞれの観測者が持つ時計が同じものであっても、それらが一致する必要はありません。

相対性理論においては、エーテルはまったく必要ありません（マイケルソンとモーリーの実験が示したように、その存在自体確認されませんでした）。その代わり相対性理論により、私たちは空間と時間についての考えを変えなければならなくなりました。時間が空間と完全に分かれて独立しているわけではなく、時空と呼ばれる形に一緒に統合されることを、私たちは受け入れなければならないのです。これらを理解するのはそうたやすくはありません。相対性理論が一般的に受け入れられるようになるには、物理学の世界の中でさえ何年もかかりました。相対性理論を考え出すことができた想像力や、また常識はずれの奇妙な結果を導いてしまう論理に対して確信を持てたのは、アインシュタインの天から与えられた才能によるものでしょう。

誰にでも体験的にわかることですが、空間内の一つの点の位置は三つの数字、すなわち座標を用いて表すことができます。たとえば、部屋の中のある一点は、片方の壁から七メートル、もう片方の壁から三メートル、床から五メートルと言うことができます。また、同じように地上の一点を緯度、経度、標高で表すこともできます。どのような三つの座標を用いるかは自由ですが、どれが適当なのかは場合によって違います。月の位置を特定するのに、ピカデリー・サーカスから北へ何キロメートル、西へ何キロメートル、標高何メートルと表すのは現実的ではありません。それよりも、太陽からの距離、惑星軌道面からの距離、月と太陽を結んだ線と太陽と近くの星（たとえばケンタウルス座のプロキシマ星）を結んだ線との角度などを用いるのがよいでしょう。この座標も、私たちの銀河系の中での太陽の位置や局所銀河団の中での私たちの銀河の位置を説明するには

空間内での座標

「空間には３次元ある」というのは、ある１点の位置を特定するときに３つの数字（座標）が必要だということです。ここに時間を加えると、空間は時空間となり、４次元になります。

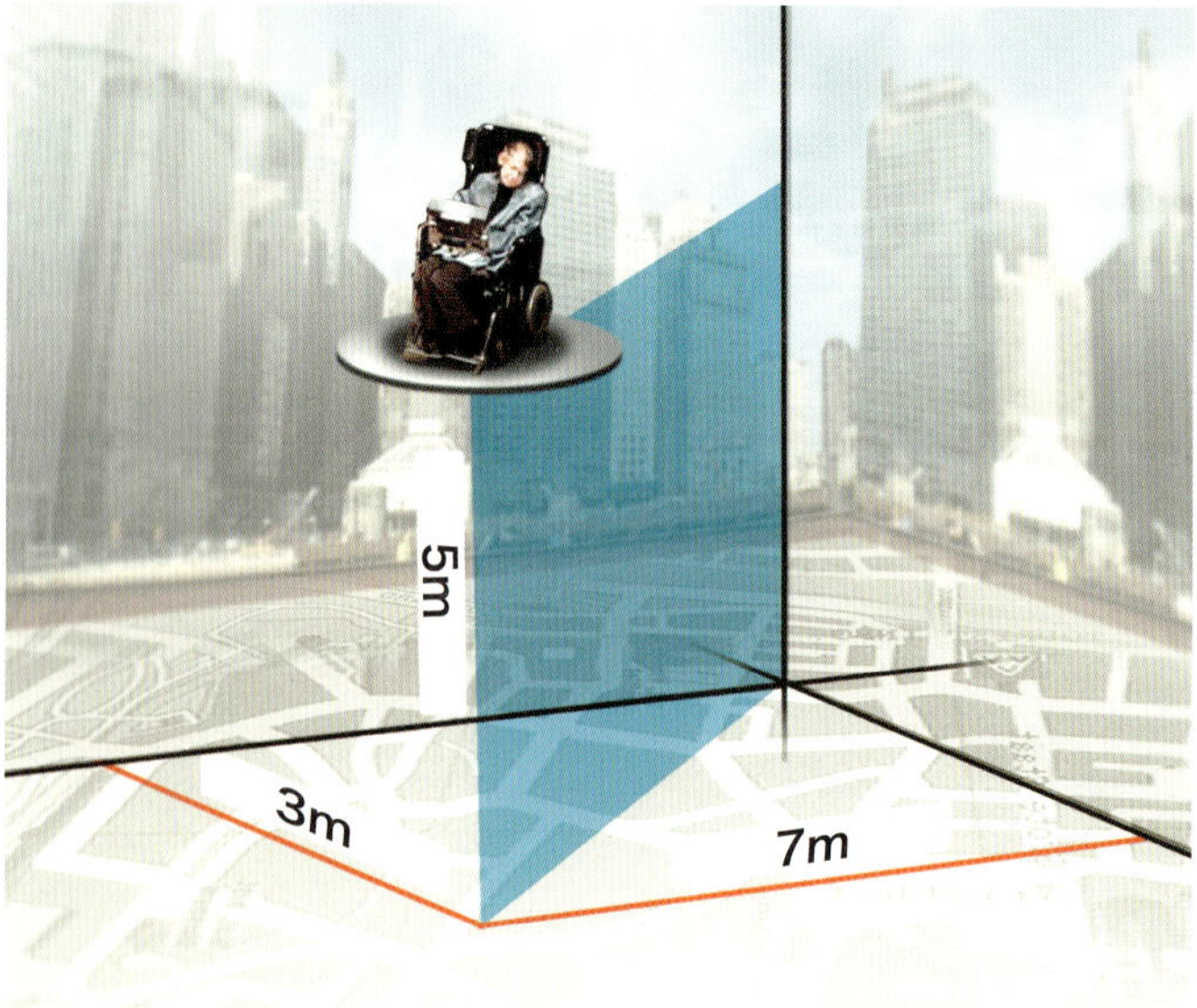

役に立ちません。実際、宇宙全体は重なりあう複数の部分の集まりとして表すことができるでしょう。その場合、各部分には、それぞれ異なった三次元座標があります。

一方、相対性理論における時空では、空間内のある特定の場所、特定の時間に起きるすべての事象は四つの数字、つまり四次元座標で表すことができます。ここでも座標の選択は自由です。どれでも三つの空間座標と、どれでも一つの時間座標を使えるのです。しかし相対性理論では、どの二つの空間座標の間にも実質的な違いがないように、空間と時間座標の間にも実質的な違いは存在しません。三次元空間では二つの座標を一つに組み合わせるなどして、新しい座標を作り出すことができました。つまり、地球上のある一点の位置を測定するのにピカデリーから北へ何キロメートル、西へ何キロメートルと言う代わりに、ピカデリーの北東へ何キロメートル、北西に何キロメートルと言うことができるのです。同様に、四次元時空でも、時間（秒）とピカデリーの北への距離（一秒あたりの光の進む距離）を足し合わせることで新しい時間座標を用いることもできます。

相対性理論のもう一つのよく知られた結論は質量とエネルギーの等価性であり、アインシュタインの有名な方程式 $E=mc^2$（E はエネルギー、m は質量、c は光の速度）でまとめられています。ふつうこの式は、たとえばある量の物質が電磁放射に変換されるような場合に、どれぐらいのエネルギーが生じるかを計算するときによく使われます（光の速度は大きな数字なので、この式の解も大きな数になります。広島を破壊した原爆でエネルギーに変えられた物質の質量はたった三十グラム以下でした）。しかしこの式からは、ある物体のエネルギーが増加するとその質量も増加する、すなわち加速に対する抵抗も増す、ということもわかるのです。

エネルギーが取る形態の一つに、運動エネルギーと呼ばれる動きのエネルギーがあります。車を動かすのにエネルギーがいるのと同じく、どんな物体も加速させるにはエネルギーが必要です。動いている物体が持つ運動エネルギーは、それを動かすのに必要なエネルギーと同量です。したがって、その物体の動きが速ければ速いほど、それが持つ運動エネルギーは高いことになります。ただし質量とエネルギーは等価であることから、運動エネルギーは物体の質量を増やすことになるので、速く動いている物体ほど加速するのはたいへんになります。

この効果は光の速度に近い速度で動いている物体においてのみ、真に重要になります。たとえば、物体が光速の一〇％の速度で動いているときには質量は通常よりたった〇・五％しか増加しませんが、光速の九〇％の速度で動いているときには通常の二倍以上になります。物体の速度が光速に近づくと、その質量はそれまで以上に急激に増加するので、さらに速度を上げるためにはより多くのエネルギーが必要となります。相対性理論によると、物体は決して光の速度に達することはありません。なぜなら、光速に達する頃には物体の質量は理論上無限となってしまいますし、質量とエネルギーが等価であることから、光速まで加速するには無限のエネルギーが必要になってしまうからです。これが、通常の物体が相対性理論上は光の速度よりも速く運動できない理由です。光をはじめ、固有の質量を持たない波のみが、光の速度で動くことができるのです。

一九〇五年のアインシュタインの相対性理論は「特殊相対性理論」と呼ばれています。「特殊」と呼ばれるのは、この理論は光の速度がどの観測者にとっても同じであり、また物体が光の速度に近い速度で動いた場合に何が起きるかを説明することには成功しましたが、ニュートンの万有引力理論とは矛盾していたからです。ニュートンの理論では、どんなときでも物体は互いに引きあい、その力はそのときの双方の間の距離に依存するとしています。すなわち、片方の物体がもう片方の物体を動かしたとすると、そのとき互いの間に働く力は瞬時に変化することになります。また、もし太陽が突如消失してしまったとすると、マクスウェルの理論では地球が暗くなるまでには八分（太陽から地球まで光が届くのにかかる時間）かかることになりますが、ニュートンの万有引力理論によると、地球は瞬時に太陽の引力を受けなくなり、軌道から飛び出してしまうことになります。そうなると、太陽が消失することによる重力の影響は無限の速度で私たちにたどり着いたことになり、特殊相対性理論が要求するように光の速度やそれ以下の速度で達するのではなくなってしまいます。一九〇八年から一九一四年にかけて、アインシュタインは特殊相対性理論と合致するような重力に関する理論を見つけようと数多くの試みを行いましたが、うまくはいきませんでした。そしてついに一九一五年、彼は現在私たちが一般相対性理論と呼ぶさらに革命的な理論を提案したのです。

6

Curved Space

曲がった空間

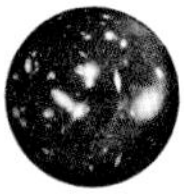

第6章　曲がった空間
Curved Space

アインシュタインの一般相対性理論は、重力は他の力とは異なり、時空が曲がっているために生じる力だという革命的なアイデアに基づいています。時空はそれまで想定されていたような平面ではないのです。一般相対性理論において、時空は質量とエネルギーの分布により曲がる、言い換えれば「ゆがむ」のです。一般相対性理論では、地球のような天体は重力によって円軌道のような曲がった軌道上を運動するのだとは考えません。その代わりに、測地線と呼ばれる、曲がった空間で最もまっすぐに近い経路である曲がった軌道を進むのです。厳密に言うと、測地線は近くにある二点の間の最も短い（もしくは長い）経路として定義されます。

二次元の平らな空間として幾何学的平面を考えると、その上での測地線は直線です。地球の表面は二次元のゆがんだ空間で、そこでの測地線は大円と呼ばれています。赤道は大円の一つです。したがって地球の中心と一致する中心を持つ円はみな大円です（「大円」という言葉は、地球のような球体の上で描くことのできる最大の円であることから、そう呼びます）。測地線は二つの空港間の最短距離になるので、これが管制官がパイロットに飛ぶように指示するルートとなります。もし、ニューヨークからマドリッドまで同緯度で方位磁石に従ってまっすぐ東に向かうと、三千七百七マイル飛んで到着します。しかし、最初に北東に向かいそれから徐々に東に進路をとり、それから南東に向かうという大円にそって飛ぶと、三千六百五マイル飛べば到着します。地図では丸い地球の表面が平らにされているので、地図上でこれら二つの経路を見るとだまされてしまいます。東へ「まっすぐ」進むことは、実際にはまっすぐ進むことにはならないのです。少なくとも、一番短い経路、すなわち測地線かどうかという点では、まっすぐではありません。

一般相対性理論によると、四次元時空内では物

地球上での距離

地球上の２点間を最短距離で結ぶと、大円になります。これは平らな地図上での直線とは一致しません。

体は常に測地線にそって運動します。ただ、そこに物質がまったく存在しない場合には、四次元時空での測地線は三次元空間での直線と一致します。しかしそこに物質が存在すると、四次元時空はゆがみ、三次元空間での物体の経路が（かつてニュートンの理論で重力の効果として説明されたように）曲がります。これは起伏の多い地面の上を飛んでいる飛行機を観測することに似ています。飛行機は三次元空間をまっすぐ飛んでいますが、しかし、三番目の次元、すなわち高さを取り除いてしまうと、飛行機の影は起伏の多い二次元の地面の上の曲がった通り道を進んでいることになります。もしくは宇宙を直進していて、ちょうど北極点の上空を通過している宇宙船を想像するとよいでしょう。その経路を地球の表面へ投影すると、それは北半球にわたって経線をたどる半円を描くことがわかるでしょう。頭に描きにくいですが、太陽の質量が時空をこのようにゆがめるので、地球は四次元時空において直進しているにもかかわらず、三次元空間においてはほぼ円を描いて動いているように私たちには見えるのです。

このように、一般相対性理論ではニュートンの万有引力理論とはまったく違った見方で惑星軌道を導き出しますが、実際二つの軌道はほとんど同一です。円からのずれが最も大きいのは水星の軌道ですが、水星は太陽に最も近い惑星であり、最も強い重力を受けるため、より細長い楕円軌道となるのです。一般相対性理論は、水星の楕円軌道の長軸は一万年に約一度の角度の割合で太陽の周囲を回転するはずだと予測しています。この効果は微少なものですが、一九一五年よりはるか以前から知られており（第3章参照）、アインシュタインの理論が正しいことを初めて示した事例の一つです。近年では、ニュートンの理論からのずれがより少ない他の惑星軌道でさえ、レ

宇宙船の影の通り道
宇宙空間をまっすぐ飛んでいる宇宙船の影を2次元の地上に投影すると、その通り道は曲がって見えます。

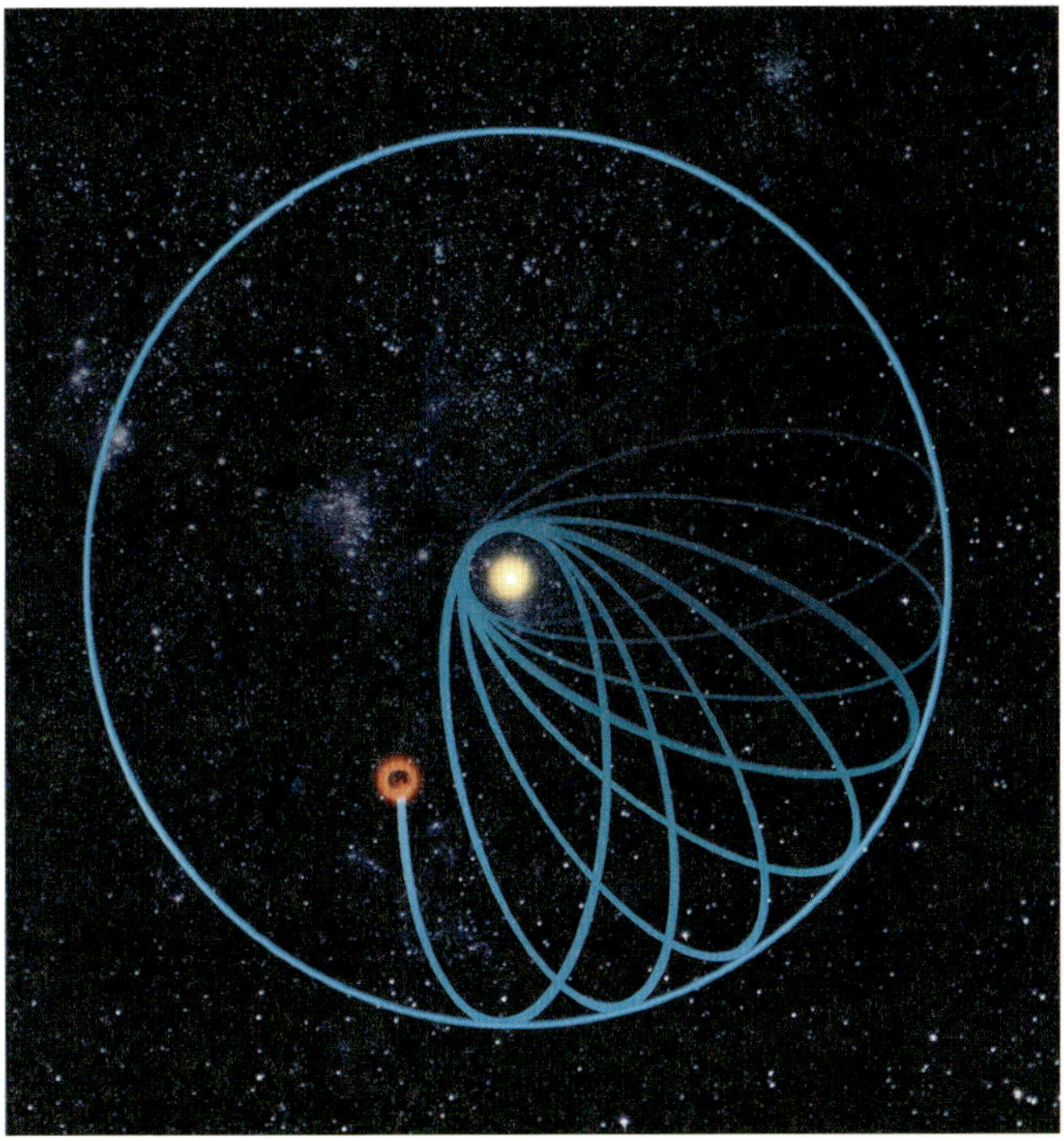

水星の近日点移動
水星が太陽のまわりを繰り返し
周回するにつれて、楕円軌道の
長軸はゆっくりと回転します。

ーダーによってこの効果が測定され、一般相対性理論の予測と合致していることが明らかとなっています。

　光線もまた時空においては測地線を進みます。空間がゆがんでいるということは、光も直進しているようには見えなくなるということです。したがって一般相対性理論は重力場が光を曲げていると予測しています。たとえば、太陽の近くでは太陽の質量により光の経路がわずかに内側に曲げられます。ということは、遠くの星から届く光がたまたま太陽の近くを通るとわずかな角度だけ曲がり、その結果、地球上の観測者にはその星が実際とは異なる場所にあるように見えるのです。遠くの星からの光が常に太陽の近くを通るなら、当然ながらその光が曲げられたのか、それともその星が本当に私たちが観測するとおりの場所にあるのかを区別することはできません。しかし、地球は太陽のまわりを回っているので、多くのいろいろな星が太陽の背後を通過し、それらの星からの光が曲げられます。そのため、それらの星は他の星との相対的な位置が見かけ上変化することになります。

　星の位置がごくわずかにずれて見える効果を観測するのは、通常はたいへん困難です。なぜなら太陽はあまりにも明るいため、太陽からの光が邪魔をし、太陽の近くにあるはずの星を観測するのはほとんど不可能だからです。しかし、太陽の光を月がブロックする日食のときにはそれが可能です。一九一五年には第一次世界大戦が勃発《ぼっぱつ》していたため、アイ

太陽の近くで曲がる光

太陽が地球と遠くの星の間にあるときには、太陽の重力場によって星の光が曲げられるので、星の位置が見かけ上変化します。

ンシュタインの予測した光の折れ曲がりをすぐには確認できませんでした。一九一九年、西アフリカで起こった日食を観測し光が曲がることを確認するために、イギリスは遠征隊を送りました。そしてちょうどその理論が予測したように、太陽により光が本当に曲げられていることが示されました。イギリス人科学者によるドイツ人の理論の立証は、戦後の二国間での和解に大きく役立つとして喝采《かっさい》を浴びました。もっとも、後にその遠征隊が撮影したその写真を調べたところ、実際には彼らが測定しようとしていたアインシュタインの理論による効果と同じくらいの大きさの観測誤差があることがわかりました。これはなんとも皮肉なことです。この観測はまったくの運だったのです。もしくは、自分たちが望む結果を知っていたのでうまくいったのかもしれません（科学ではよくあることです）。しかし光の折れ曲がりはその後の観測により正確に確証されてきています。

もう一つ一般相対性理論が予測したことは、地球のように質量の大きい物体の近くでは時間がよりゆっくりと流れるように見えるということです。アインシュタインは一九〇七年に最初にこれに気づきましたが、これは重力がまた空間の形も変えるということに気づく五年前であり、相対性理論を完成させる八年前でした。彼は、等価原理を用いることでこの効果を導きました。等価原理は、ちょうど特殊相対性理論において基本原理が担っていたような役割を、一般相対性理論において担うものです。

第6章　曲がった空間

Curved Space

特殊相対性理論では、基本原理は「科学の法則はどんな速度で自由に動き回っている観測者にとっても同じである」と述べていたのを思い出してください。大まかに言うと、等価原理はこれを、自由に動いているのではなく重力場の影響を受けている観測者にまで拡張したのです。等価原理を正確に言うならば、重力場が均一でない場合は、重なりあって連続する小さな部分ごとに別個に適用しなければならないというような専門的な話になるのですが、ここではかかわらないことにしましょう。ここではこの原理を次のように簡単に述べることにします。「空間内の十分小さな領域では、重力場の中で静止しているのか、もしくは何もない空間で一様に加速しているのかを区別することは不可能である」

何もない空間にあるエレベーターに乗っている状況を思い浮かべてみましょう。そこには重力も「上」も「下」もありません。自由に浮かんでいるのです。今度は、一定の加速度でエレベーターが動き出した状況を思い浮かべましょう。すると突然重さを感じることでしょう。つまり、エレベーター内のある方向に押しつけられるように感じて、その方向が突然床であるように思えるのです。リンゴを手から離すと、リンゴはその床へ向かって落ちるのです。実は、加速しているエレベーター内で起こるすべての事象は、エレベーターが完全に静止し、一定の重力場内にある場合とまったく同じなのです。アインシュタインは、列車の中ではその列車が等速度で動いているかそうではないかを区別することができないように、エレベーター内では等加速度（一定の割合）で加速しているのか、一定の重力場にいるのかを区別することはできないことに気づいたのです。この結果が等価原理です。

等価原理と今あげたエレベーターの例は、慣性質量（ニュートンの第二法則における質量で、ある力に対してどれだけ物体が加速するかを決める量）と重力質量（ニュートンの万有引力の法則における質量で、どれだけ重力の作用を受けるかを決める量）の二つが同じものである場合にのみ、成立します（第4章参照）。これは、両方の質量が同じものであるならば、重力場にあるすべての物体がその質量にかかわらず同じ速さで落ちるからです。万が一この等価原理が間違っているなら、重力の下ではある物体は他の物体よりも速く落下するはずです。そうなれば、すべての物体が同じ速さで落下する等加速度運動と、重力による落下を区別できることになります。アインシュタインが慣性質量と重力質量との等価性から等価原理を導き、一般相対性理論を完成させたことは、人類の思考の歴史において、絶え間なく進んでいる論理的探求の比類なき例でしょう。

等価原理がわかれば、時間がなぜ重力の影響を受けるのかを示すもう一つの思考実験によっても、アインシュタインの考えを理解できます。たとえば宇宙にあるロケットを考えましょう。便宜上、そのロケットは光が天井部から床まで到達するのに一秒かかるほど大きなものとします。そして観測者がロケットの天井に一人、床にもう一人いて、お互いに毎秒ごとにカチカチと時を刻む同じ時計を持っているとしましょう。

天井の観測者は時計がカチッと一秒進むのを待って、ただちに光の信号を床にいる観測者に送るとしましょう。そして次にまた時計がカチッと一秒進むと、同じことをもう一度繰り返します。この状況では、それぞれの信号は一秒間進み続け、最後に床にいる観測者によって受信されることになります。したがって天井の観測者が二つの信号を一秒間隔で送ると、床の観測者は二つの信号を一秒間隔で受信するのです。

ロケットが宇宙空間に浮かんでいるのではなく、地球上で静止し、重力の影響を受けている場合は、この状況はどう異なってくるでしょうか？　ニュートンの理論では、重力はこの状況に何ら変化をもたらしません。天井の観測者が信号を一秒間隔で送信すれば、床の観測者は一秒間隔で受信することでしょう。しかし、等価原理はそれとは異なる予測をします。この原理によると、重力の影響の代わりに一定の加速による影響を考慮することで、何が起きているかがわかります。これは、アインシュタインが自分の新しい重力理論を創り上げるために等価原理を用いたやり方の例です。

では今度は、ロケットが加速しているとしましょう（ただしその加速は非常にゆっくりしたものなので、光の速度には達しないとします）。ロケットは上昇しているので、最初の信号はこれまでの例より少ない距離しか進む必要がなく、したがって一秒後よりも早く到着するでしょう。もしロケットが一定の速度で動いているなら、二つめの信号は一つめの信号と同じだけ早く到着するので、二つの信号の時間間隔は一秒のままのはずです。しかし加速のため、ロケットは二つめの信号が送信されたときは最初の信号が送信されたときよりも速く飛んでいるので、二つめの信号は一つめの信号よりも飛ぶ距離が短くなり、したがってそれにかかる時間も少なくなります。床にいる観測者は一秒よりも短い間隔で信号を受信することになり、正確に一秒おきに送信したと主張する天井の観測者とは意見が食い違うでしょう。

信号間隔が短くなることは今説明したとおり、加速しているロケットの場合については当たり前で、まったく驚くべきことではありません。しかし、等価原理を適用すると、重力場で静止状態にあるロケットの場合も、信号間隔が短くなることになります。つまり、ロケットが加速しておらず地球上の発射台に乗ったままの場合でも、もし天井の観測者が(彼の時計で)一秒間隔で床へ向けて信号を送信したとすると、床の観測者はその信号を(彼の時計で)一秒より短い間隔で受信するのです。これは驚くべきことです!

こう尋ねる人もいるかもしれません。これは重力が時間を変えるということなのでしょうか? それとも単なる時計の問題なのでしょうか? 床にいた観測者が天井まで昇って、彼の時計と彼のパートナーの時計を比べたとしましょう。それらはまったく同じ時計であり、もちろん両者とも一秒の長さは同じであることがわかるでしょう。床の観測者の時計には何ら問題はないのです。どこであろうと、時計はその場所ごとの時間の流れを測定しているのです。したがって、特殊相対性理論が時間の流れは観測者の相対的な動きによって異なると述べているのと同様に、一般相対性理論は時間の流れは重力場での観測者の高さによって異なると述べているのです。一般相対性理論によると、床の観測者は二つの信号の間隔を一秒より短く計測します。地球の表面に近づくほど、時間がゆっくりと流れるからです。場の力が強いほど、その影響も大きくなります。ニュートンの運動法則は絶対空間という考え、つまり空間内での絶対的位置という考えに終止符を打ちました。今ここに、相対性理論が絶対時間という考えに終止符を打った経緯を見たわけです。

一九六二年にこの予測を確認する実験が行われました。給水塔の頂上部と底部に二つの非常に正確な時計を設置したのです。すると一般相対性理論とまったく合致するように、地球により近い底部の時計はよりゆっくりと時を刻むことが明らかとなったのです。もっともこの影響はわずかなもので、太陽の表面に時計を置いたとしても、この時計は地球表面上の時計に比べて一年にたった約一分だけしか遅れません。しかし地球上空での高度の違いによる時計の進む速度の違いは、人工衛星からの信号に基づく非常に正確なナビゲーションシステムの出現により、実用的にもきわめて重要となってきました。一般相対性理論の予測を無視してしまうと、計算上の位置は数キロメートルもずれてくることになるのです。

私たちの生物学的体内時計も当然、時間の流れの変化の影響を受けます。一組の双子がいるとしましょう。双子のうち、一人が山頂に住み、もう一人が海岸に住むとします。すると山頂に住んだ方が海岸に住んだ方より速く年をとることでしょう。したがって、彼らが再会すると山頂に住んだ方が海岸に住んだ方より年上ということになります。この場合年齢の違いは非常にわずかなものですが、しかしもし双子のうち片方が宇宙船に乗って長距離旅行へ行き、その過程で光の速度近くまで加速したときには、この年齢の違いははるかに大きなものとなります。彼が宇宙旅行から戻ると、地球に残ったもう片方よりもずっと若いのです。これは双子のパラドックスとして知られていますが、これは心の中に絶対時間という考えを持っている場合のみ、パラドックスとなります。相対性理論によると単一の絶対時間など存在せず、代わりにどこにいてどう動いているかに依存するそれぞれの個人的な時間を独自に持っていることになります。

一九一五年以前には、物事が起こる舞台である空間と時間は固定されたものであり、そこで何が起きようと影響を受けないものと考えられていました。これは特殊相対性理論にさえ、当てはまります。物体が動き、力が作用して引いたり押したりしたとしても、特殊相対性理論では時間と空間は同じままで、何ら影響を受けなかったのです。空間と時間が永遠に続くものとして考えるのは当然です。しかしながら、一般相対性理論の状況ではそうはいきません。空間と時間が、ここでは動的な量なのです。物体が動く、あるいは力が作用すると、それが空間と時間を湾曲させるのです。そして今度は、時空の構造が物体の動きと力の作用に影響を与えるのです。空間と時間は宇宙で起こるすべての事象に影響を及ぼすだけではなく、宇宙で起こるすべての事象から影響を受けるのです。空間と時間についての概念なしに宇宙の事象について語ることができないように、一般相対性理論によって空間と時間を宇宙の枠と切り離して語ることが無意味になったのです。

一九一五年からの十年間で、この新しい空間と時間に関する理解により、私たちの宇宙に対する見解は大きな変革期を迎えました。次の章から見ていくように、宇宙はこれまでもこれからも永遠に存在し続けるだろうという、本質的に変化しない宇宙という旧来の見方は、宇宙は過去のある時点で始まり、またおそらくは将来のある時点で終わりを迎えるという、動的で膨張している宇宙という見方に置き換わったのです。

7

The Expanding Universe

膨張している宇宙

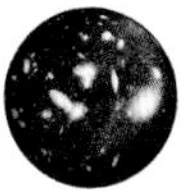

第7章 膨張している宇宙

The Expanding Universe

雲もない澄んだ夜空を見上げてみると、最も輝いている天体は金星、火星、木星、土星などの惑星でしょう。また夜空には多くの星々があり、それらは私たちの太陽と同様の恒星ですが、私たちからははるか遠くに離れています。こうした恒星の中には、地球が太陽のまわりを回っているため互いの位置関係がわずかに変化するように見えるものもあります。恒星なのに動くのです！　このように見えるのは、これらの恒星が私たちから比較的近いところにあるからです。地球は太陽を回っているので、近くにある星はその後方の遠くにある星に対して位置が変化するように見えます。この効果は、見通しのよい開けた道で車を運転しているときに、近くにある木々の位置が地平線上の遠くにある物に対して相対的に変化して見えるのと同じです。木々が近ければ近いほど、それらはより動いているように見えます。この相対的な位置の変化は視差と呼ばれています。恒星の場合には、幸いにもこの視差のおかげでその星までの距離を直接測定することができます。

第1章で述べたように、最も近い恒星であるケンタウルス座のプロキシマ星は約四光年、すなわち三十八兆キロメートル離れています。肉眼でも観測できるその他の恒星の大部分は、私たちから数百光年の範囲に存在しています。ご存じのように、太陽までの距離は光で八分の距離、つまりたったの八光分です。目に見える恒星は夜空全体に広がっているように見えますが、天の川と呼ばれる一つの帯状の領域にとりわけ集まっています。

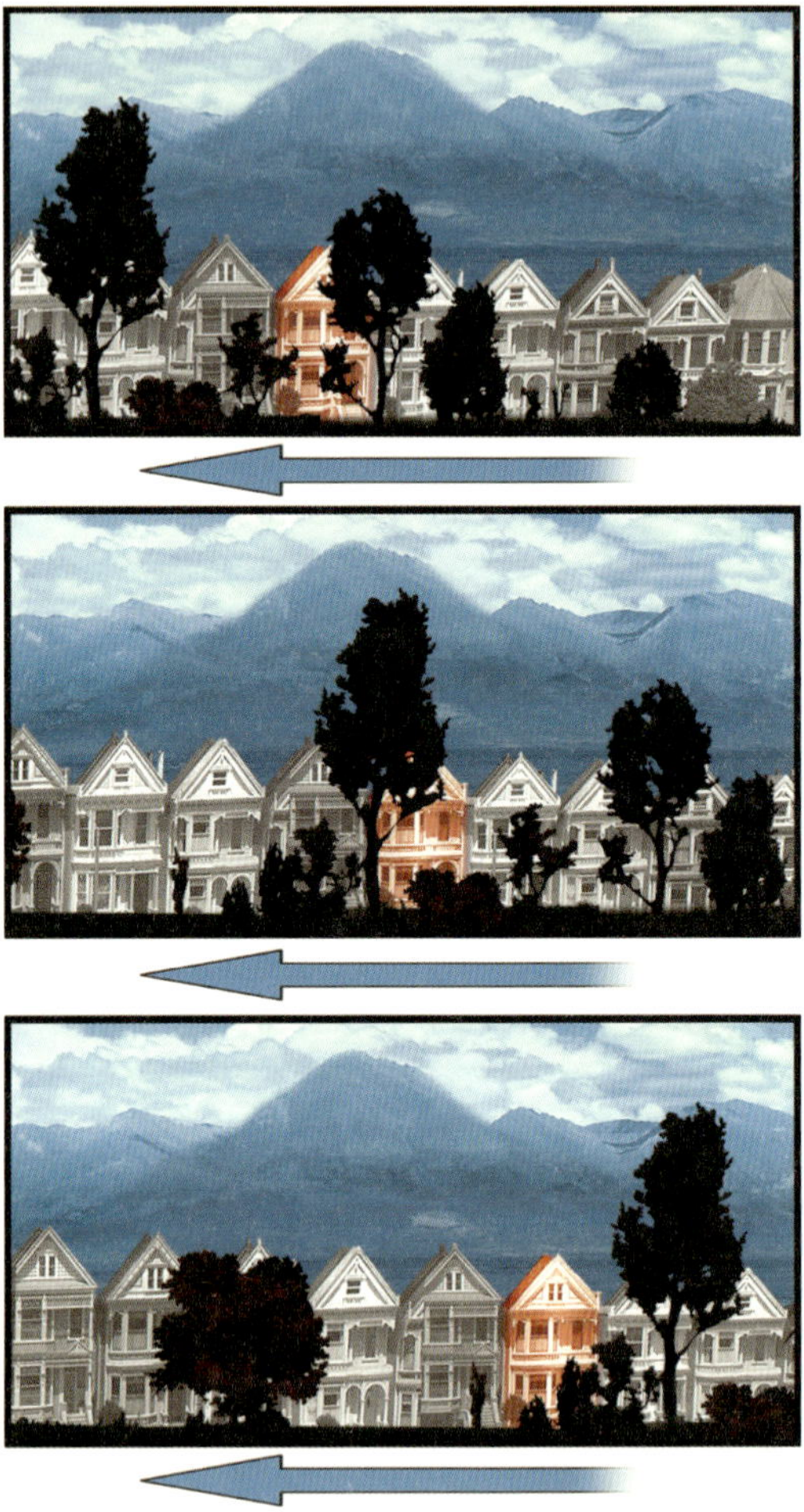

恒星視差

道路でも宇宙でも、近くにある物と遠くにある物との相対的な位置は進むにつれて変化します。この変化を測定すれば、物体どうしの相対的な距離がわかるのです。

早くも一七五〇年頃に、何人かの天文学者たちが、もし目で見える恒星の大部分が一つの円盤のように集まっているのなら天の川が帯のように見えることを説明できると指摘していました。そしてこれが現在、渦巻銀河と呼ばれるものの一例です。それからほんの数十年後には、天文学者ウィリアム・ハーシェルが苦心して莫大な数の恒星の位置と距離のカタログを作り上げ、この考えを確証しました。しかし、この考えがようやく完全に受け入れられたのは二十世紀初頭になってからでした。今では、天の川、つまり私たちの銀河系は直径約十万光年であり、ゆっくりと回転していることがわかっています。そのらせんの腕の部分にある星々は銀河の中心を数億年かけて一周しています。私たちの太陽は、渦巻きの腕の一つの内側の縁近くにある、平凡で平均的な大きさの黄色い星です。地球が宇宙の中心にあると考えていたアリストテレスやプトレマイオスの時代から実に長い道のりを経て、私たちは自分の位置を知ったのです。

現在私たちが頭に描いている宇宙像、天の川銀河と同じような無数の銀河があるという宇宙像は、ごく最近、一九二四年にできたものです。アメリカ人天文学者エドウィン・ハッブルが、私たちの天の川銀河がただ一つの銀河ではないことを示したのです。彼は多くの銀河と、そしてその間には広大な空間が広がっていることを見つけました。これを立証するためにハッブルは地球からそれぞれの銀河までの距離を測定する必要がありました。

しかしこれらの銀河はあまりに遠く離れているため、近くの恒星とは違ってまったく動かないように見えます。これらの銀河に対しては距離を測定するのに視差を用いることができなかったため、彼はやむをえず間接的な方法を用いました。星の距離を測るわかりやすい一つの方法は、遠くの星ほど暗く見えるということを利用するものです。もちろん星の見かけの明るさはその距離だけでなく、どれだけの光を放射するか（絶対光度）にも依存しています。もともとあまり光を出さない暗い星でも、十分に近くにあれば、遠くにあるどの銀河の最も明るい星より明るく輝くことがあるでしょう。したがって、見かけの明るさから距離を測定するためには、その星の絶対光度を知らなければなりません。

近くにある恒星の絶対光度は、その星の視差により距離がわかるので、見かけの明るさから計算することができます。ハッブルはまず、近くにある恒星はそれぞれが放つ光の種類によっていくつかのタイプに分類できることに気づきました。そして同じタイプの星は常に同じ絶対光度を持っているのです。そこで彼は、もし遠くの銀河の中にこれらのタイプの恒星を見つければ、それらは近くにある同タイプの星と同じ絶対光度を持っていると仮定することができると考えました。その情報により、その銀河までの距離を計算することができるのです。同じ銀河内の複数の星について同じ計算をして、常に同じ距離をはじき出せれば、この予測にかなりの確信を持つことができます。このようにして、ハッブルは九つの銀河の距離を算出しました。

今日では、肉眼で見ることのできる恒星は、すべての恒星のうちのほんの一部に過ぎないことを私たちは知っています。私たちは約五千の星を見ることができますが、これは私たちの銀河、天の川銀河にあるすべての星の〇・〇〇〇一％に過ぎません。しかもこの天の川銀河自体、現代の普通の望遠鏡で見ることができる一千億以上の銀河の中の一つに過ぎないのです。そしてそれぞれの銀河には平均して数千億の恒星があります。もし一つの恒星が一粒の塩だとすると、肉眼で見ることのできるすべての恒星はスプーン一杯に収まる程度ですが、宇宙全体のすべての恒星は直径が十三キロメートル以上もある球体にようやく収まるかどうかというところです。

恒星はあまりに遠く離れているため、私たちにはその光が針の先ほどにしか見えません。そのためその大きさや形はわかりません。しかし、ハッブルが気づいたように、恒星には多くの異なるタイプが存在し、それはその星の光の色によって見分けることができるのです。ニュートンは太陽光線が三角形の形をしたガラス、つまりプリズムを通過すると、その光線は虹のようにその構成成分に分解されることを発見しました。光源から放たれたさまざまな色の相対的な強度はスペクトルと呼ばれています。恒星や銀河に望遠鏡の焦点を合わせると、その恒星や銀河から放たれる光のスペクトルを観測することができます。

　この光によりわかることの一つが、その温度です。一八六〇年にドイツ人物理学者グスタフ・キルヒホフが、石炭が熱せられると赤く輝くように、どのような物体も熱せられ高温になると光や赤外線、紫外線などを放出することに気づきました。恒星もその一つです。白熱して輝く物体が放出する光は、それらの中にある原子の熱運動に

星のスペクトル
星の光を構成している色を分析すると、その星の温度と大気の組成がわかります。

よるものです。これは黒体放射と呼ばれています（輝いている物体は黒くはありませんが、こう呼びます）。黒体放射のスペクトルは見間違うことはありません。スペクトルはその物体の温度によって異なっているからです。したがって、輝いている物体から放出された光は温度計の目盛りのようなものです。私たちが観測するいろいろな恒星のスペクトルは、常にこの型、黒体放

黒体のスペクトル
星に限らずあらゆる物体は、ミクロな成分の熱運動によって電磁波を放射しています。この放射の振動数の割合から、その物体の温度がわかります。

射のスペクトルをしています。それはその星から来た熱状態に関する「はがき」と言えます。

スペクトルをより詳細に見ると、星の光からさらに多くの情報を得ることができます。スペクトルの中のある特定の色が欠落しているのがわかりますが、この欠落した色は星ごとに異なります。化学元素はそれぞれ特定の色の組み合わせを吸収します。そのため、星のスペクトルで欠落している色と、元素が吸収するそれに対応する色の組み合わせを比べることで、その星の大気にどの元素が存在しているかを正確に特定することができるのです。

一九二〇年代に天文学者たちは他の銀河にある恒星のスペクトルを調べるようになり、非常に妙なことに気づきました。私たちの銀河にある恒星と同じように、他の銀河の恒星のスペクトルにも欠落した色のパターンがあったのですが、しかし他の銀河の恒星の場合、欠落した色はすべてスペクトル上の赤の方に等しい割合で偏《かたよ》っていたのです。

色や振動数の偏移はドップラー効果として知られています。ドップラー効果は音については馴染み深いものでしょう。道を通り過ぎる車の音に耳を傾けてみましょう。車が近づくと、そのエンジンあるいはクラクションがより高音に聞こえ、逆に車が通り過ぎ離れていく場合には、その音はより低音になります。エンジンやクラクションの音は、山と谷の繰り返しである波です。車が私たちに向かって走ってくるとき、車は連続する波を発しながらだんだん近づいてきます。ということは、このとき波の山と次の山の間隔、つまり波長は、車が停止しているときよりも短いはずです。波長が短いほど、一秒ごとにより多くの波が私たちの耳に届き、音の高さ、つまり振動数はより高くなります。同様に、車が私たちから遠ざかる場合には、私たちの耳に届く波の波長は長くな

ドップラー効果
波を発する物体が観測者の方に近づいてくるときは、その波の波長は実際より短く感じられます。観測者から遠ざかっていくときは、波長は実際より長く感じられます。これがドップラー効果です。

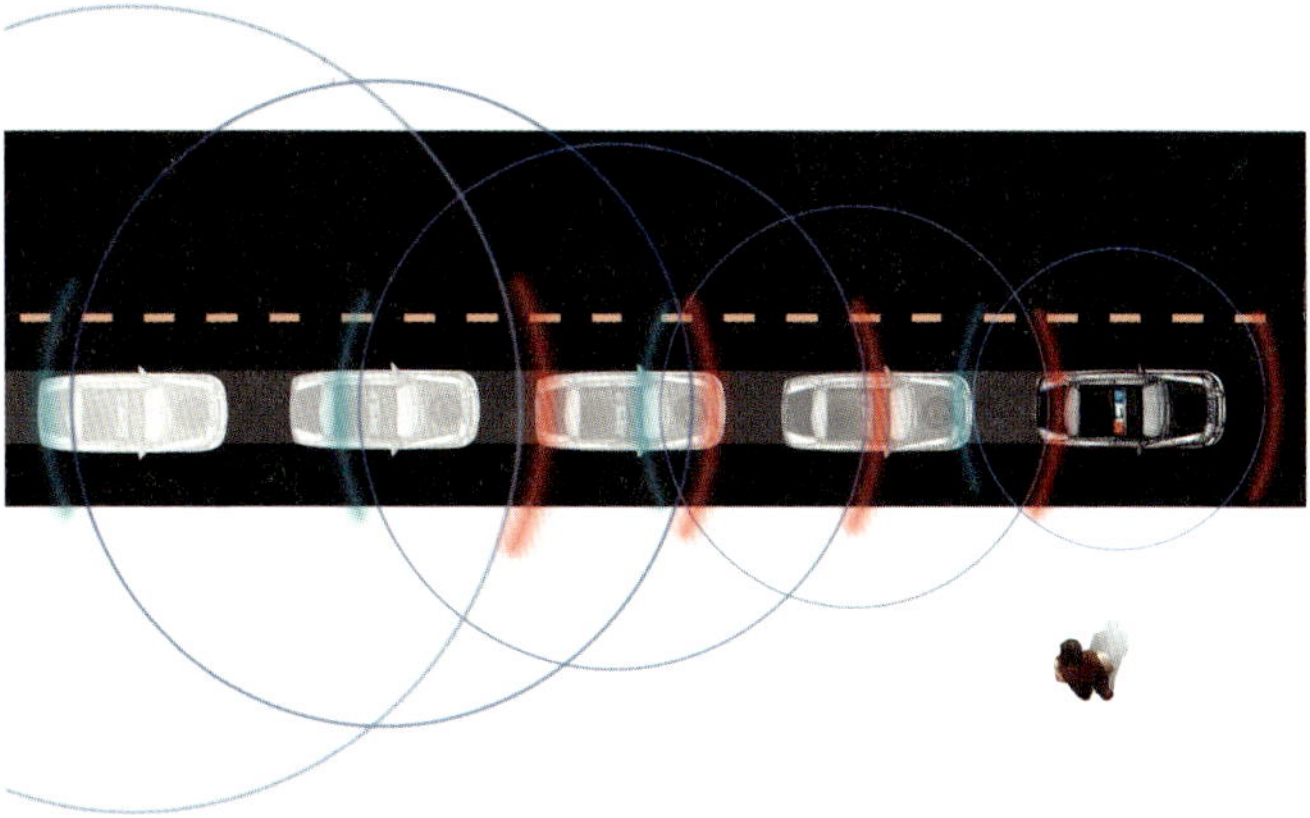

り、その振動数は低くなります。そしてこの効果はその車がより速く走れば走るほど大きくなるので、これによって速度を測定できるのです。光やラジオ波にも同じことが言えます。実際、警察はドップラー効果を用いて車からはねかえってくるラジオ波のパルスの波長を測定することでその車の速度を測定しています。

第5章で触れたように、可視光線の波長は〇・四～〇・八マイクロメートルと非常に小さなものです。波長の異なる光は人の目には色の違いとして認識され、波長が最も長いものはスペクトルでは赤側に、最も短いものは青側に現れます。ここで、恒星のように一定の波長の光を放ち、私たちから一定の距離だけ離れている光源を考えてみましょう。私たちの目に届くその光の波長は、その光源が放った光の波長と同じです。では、その光源が私たちから遠ざかるように動き始めたと考えてみましょう。音の場合と同様に、光の波長が引き伸ばされ、したがってスペクトルも赤側へと偏移するでしょう。反対に、光源が近づいてくれば、光の波長は短くなり、スペクトルは青側へ偏移します。

天の川銀河以外の多くの銀河の存在を明らかにした後、ハッブルはそれらの距離を記録してそのスペクトルを観測することに時間を費やしました。当時はほとんどの人々が銀河はかなりランダムに動き回っているだろうと考えていたので、ハッブルは赤方偏移《せきほう》していている銀河と同じくらいの数の青方偏移《せいほう》した銀河を見つけるだろうと予測しました。しかし、

第7章　膨張している宇宙

The Expanding Universe

驚くことにほとんどの銀河が赤方偏移を示していました。つまり、ほぼすべての銀河が私たちから遠ざかっているのです！　ハッブルはさらに驚くべき事実を一九二九年に発見し、論文として発表しました。銀河の赤方偏移の度合いさえも、ランダムではなく、私たちからその銀河までの距離とちょうど正比例の関係にあるというのです。言い換えると、遠くの銀河ほどより速く私たちから遠ざかっているのです！　つまり宇宙は皆がそれまで考えていたように静的なもの、あるいは大きさが不変なものではないのです。宇宙は膨張しているのです。銀河どうしの間の距離は絶えず大きくなっているのです。

宇宙が膨張しているという発見は二十世紀の偉大な知的革命の一つでした。後から考えてみると、どうして以前に誰もそのことについて考えなかったのか不思議に思うかもしれません。ニュートンやその他の科学者たちは、静的な宇宙が不安定であることに気づくべきだったのです。というのも、恒星や銀河は互いに重力で引きつけあっていますが、その重力を打ち消すだけの反発力が存在しないからです。したがって、もしいつかの時点で宇宙が静的だったことがあったとしても、すべての恒星や銀河が互いに引きつけあう重力の作用によりゆっくりと収縮し始めてしまうので、静的であり続けることはできないのです。宇宙がかなりゆっくりと膨張しているとすると、重力がついにはその膨張を止め、そして収縮を始めるかもしれません。しかし、宇宙がある臨界値より高い割合で膨張しているのなら、重力は決してその膨張を止めるのに十分ではなく、そのため宇宙は永遠に膨張し続けることになります。これは、地球の表面から空に向けてロケットを打ち上げた場合に起こることに少しばかり似ています。もしその速度がかなり遅ければ、最終的には重力がロケットを止め、ロケットは地面に向けて落ちてくるでしょう。一方、もしその速度がある臨界値（秒速約十一キロメートル）よりも速ければ、重力はロケットを止められるほど強くないので、ロケットは地球から永遠に遠ざかり続けるのです。

この静的ではない宇宙という考えは、十九世紀、または十八世紀、あるいはひょっとしたら十七世紀後半においてすでにニュートンの万有引力から予測できたことかもしれません。しかし、静的な宇宙という信念があまりに根強かったため、その考えは二十世紀初頭まで残り続けたのです。一九一五年に一般相対性理論を作り上げたアインシュタインでさえ、宇宙は静的でなければならないと強く信じていたので、彼は自分の方程式の中に宇宙項と呼ばれる新たな項をでっちあげることで彼の理論を変更し、静的な宇宙モデルを作ったのです。宇宙項は新たな「反重力」という力の効果を持っています。これは他の力とは異なり、何か特定のものに起因するのではなく、まさに時空構造に組みこまれています。この新たな力を設定した結果、時空は膨張する傾向を備えていることになりました。この宇宙項の値を調整することで、アインシュタインはこの膨張する傾向の強さを調整することができました。つまり彼はこの強さを調整すれば、宇宙すべての物質どうしに働く引力と「反重力」とを釣りあわせることができ、その結果として静的な宇宙モデルを導き出すことができることに気づいたのです。後に、彼はその宇宙項を取り消し、そのでっちあげた項を「人生最大の誤り」と呼びました。後で述べますが、ややこしいことに、現在では結局、アインシュタインが否定したにもかかわらず、宇宙項を導入したのは正しかったのではないかと思われています。しかしともかくも、当時アインシュタインは、静的な宇宙という信念を持っていたがために、宇宙は膨張しているという自分の理論の正しい予測を否定してしまったのです。彼はこれを悔《く》いたことでしょう。ただ一人の人物が、一般相対性理論の予測をその額面どおりに進んで受け入れました。アインシュタインや多くの物理学者は静的宇宙という一般相対性理論の予測とは異なる宇宙のモデルをとっていましたが、物理学者であり数学者でもあったロシア人のアレクサンドル・フリードマンは素直に相対性理論の式を解き、宇宙が膨張したり収縮したりすることに気がついたのです。

　フリードマンは宇宙について、二つの単純な仮定をしました。宇宙はどちらの方向を向いて観測しても同じに見えるという仮定と、地球以外のどこから観測してもやはり同じことが言えるという仮定です。これら二つの仮定だけを置くことで、フリードマンは一般相対性理論の方程式を解き、私たちの宇宙は静的ではありえないことを示しました。それは実に、エドウィン・ハッブルの発見より数年前、一九二二年のことでした。フリードマンはハッブルが後に発見したことを数年前に予測していたのです！

宇宙はどの方向を観測しても同じに見えるという仮定は、現実的には明らかに事実とは言えません。たとえば前に記したように、私たちの銀河内の恒星は夜空で天の川と呼ばれるはっきりとした帯状に分布しています。しかし遠くの銀河を見ると、多かれ少なかれどの方向を見ても同じくらいの数の銀河が見えます。したがって、小さなスケールでの違いを無視し、銀河間の距離よりもはるかに大きなスケールで宇宙を見れば、大まかに宇宙はどの方向も確かに同じであると言えるでしょう。木がランダムに生えている森の中に立っている光景を考えてみましょう。ある方向を見ると、一メートル離れたところに最も近い木があるかもしれません。そして別の方向を見ると、三メートル離れたところに最も近い木があるかもしれません。さらに別の方向を見ると、二メートル離れたところに木が群生しているかもしれません。森の中でどの方向を向いても同じには見えそうにもありませんが、しかしすべての木々を半径一キロメートルくらいの範囲で見ると、これらの違いは平均化され、どの方向を向いても森は同じであることに気づくことでしょう。

大きなスケールで恒星が一様に分布しているということが、フリードマンの仮定が現実の宇宙の大まかなモデルとして十分正しいものであることを長い間裏づけてきました。さらに最近になって、ある幸運な出来事により別の点からフリードマンの仮定が実際著しく正確な宇宙像であることが明らかになりました。

一九六五年にニュージャージー州ベル電話研究所で二人のアメリカ人物理学者アルノ・ペンジアスとロバート・ウィルソンが、非常に敏感なマイクロ波検出器の試験を行っていました(マイクロ波は光と同じく電磁波で、波長一センチメートルほどの電波です)。当時、ペンジ

どの方向を向いても同じ森
森の中の木々は均等にちらばっていますが、近くにある木は群生しているように見えます。同じように、宇宙も近いところだけを見ると均等には見えませんが、大規模な範囲ではどの方向を向いても同じに見えるのです。

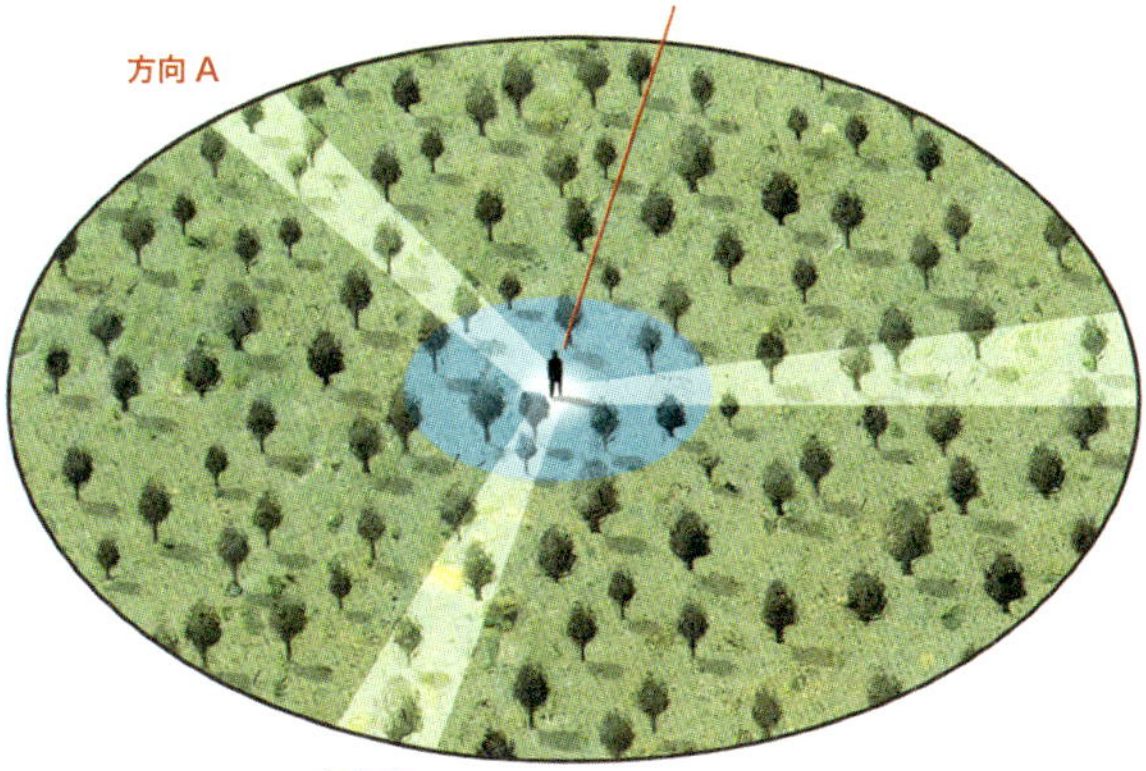

アスとウィルソンは検出器が予想以上にノイズを拾ってしまうことに頭を抱えていました。彼らは検出器の中に鳥の糞《ふん》があるのを見つけ、これが何らかの原因となっているのではないかと疑いましたが、すぐにそうではないことはわかりました。また地球は自転しかつ太陽を回っているにもかかわらず、そのノイズは昼も夜もそして一年を通して同じである点で奇妙でした。地球の自転と公転により検出器は宇宙の異なる方向を向くことになるので、ペンジアスとウィルソンはこのノイズは太陽系や銀河さえ超えた遠くからやってきていると結論づけたのです。ノイズは宇宙のどの方向からも同様に来ているようでした。今では私たちは、このノイズはどの方向からもほとんど同じ強さで等しく来ていることを知っています。したがって、ペンジアスとウィルソンはまったく偶然に、フリードマンの最初の仮定の驚くべき例に出くわしたのです。

この宇宙の背景ノイズはいったいどこから来るのでしょう？　ペンジアスとウィルソンが検出器のノイズの調査をしていたのとほぼ同じ頃、近くのプリンストン大学で二人のアメリカ人物理学者ボブ・ディッケとジム・ピーブルズもまたこのマイクロ波に興味を示していました。彼らは（かつてアレクサンドル・フリードマンの学生だった）ジョージ・ガモフによって提案されたモデル、宇宙の始まりは非常に高温で密度が高く火の玉のように白熱していたという理論について研究していました。ディッケとピーブルズは、マイクロ波電波は宇宙の初期に放出され現在になってようやく私たちのところまでたどり着いたものであり、これを観測することによって、宇宙の始まりの火の玉を見ることができるのではないかと考えていたのです。光は火の玉から出たときには可視光でも、宇宙が膨張しているために非常に大きな赤方偏移を起こし、地球に到達した現在ではマイクロ波の電波として観測されることになります。ディッケとピーブルズがこの放射を検出する準備をしていた頃、ペンジアスとウィルソンはこの二人の研究を知り、自分たちがすでにそれを見つけていたことに気がついたのです。これにより、ペンジアスとウィルソンは一九七八年にノーベル物理学賞を受賞しました（これはガモフにはもちろんのこと、ディッケとピーブルズにも少々手痛いものでした）。

どの方向を見ても宇宙が同じに見えるという事実からは、宇宙において私たちのいる場所は何か特別なところなのではないかと、一見思えます。特に、ほとんどすべての方向にある銀河が私たちから遠ざかっているように観測されることから、私たちは宇宙の中心にいるに違いないと思ってしまいます。しかし、それに代わるもう一つの説明ができます。他のどの銀河に住んでいてそこから観測しても、すべての銀河は自分から遠ざかっているように見えるということもありえるのです。これはすでに記したように、フリードマンの二つめの仮定です。

フリードマンの二つめの仮定は、科学的に正しいとか誤りとかいう証拠は何もありません。何世紀も前なら、教会はこの仮定を異端だと考えたでしょう。なぜなら、教会の教義が「私たちは宇宙の中心という特別な場所にいるのだ」と述べていたからです。しかし現代では、私たちは一種の謙虚さともいうべき理由から、フリードマンの仮定を信じています。つまり、私たちが周囲のどの方向を向いても宇宙は同じに見えるのに、宇宙の他の場所ではそう見えないとすると、それはむしろはるかに驚くべきことだと感じるからです。

フリードマンの宇宙モデルでは、すべての銀河が互いに遠ざかるように動いています。この状況は、表面に数多くの点が描かれている、膨らんでいる風船に似ています。風船が膨らむにつれて、どの二点間の距離も増加しますが、しかしその膨張の中心と呼べるような点はないのです。その上、風船の半径は着実に増加するので、風船表面上の点は互いに遠く離れれば離れるほど、より速く離れていくようになります。たとえば、風船の半径が一秒で二倍になると考えてみましょう。すると、以前は互いに一センチメートル離れていた二つの点は一秒後には二センチメートル離れるので（風船の表面で測定した場合）、その二点の相対速度は秒速一センチメートルです。他方では、互いに十センチメートル離れていた二つの点は一秒後には二十センチメートル離れるので、その二点の相対速度は秒速十センチメートルとなるでしょう。同様にフリードマンのモデルでは、互いに離れつつあるどの二つの銀河の速度もそれらの距離と比例しています。したがって、ハッブルの発見とまったく同様に、銀河の赤方偏移の度合いはその銀河が私たちからどのくらい離れているかに比例することになります。

　フリードマンが宇宙モデルを作り上げることに成功し、ハッブルの観測をも予測していたにもかかわらず、彼の業績は西側諸国ではあまり知られることはありませんで

膨張している宇宙という風船

宇宙は膨張しているので、すべての銀河は互いに離れていっています。膨らんでいる風船上の点のように、遠くにある銀河どうしのほうが近くにある銀河どうしよりも離れる距離が長くなっていきます。したがって、どの銀河にいる観測者からも、遠い銀河ほど速く動いているように見えます。

した。宇宙が一様に膨張しているというハッブルの発見に呼応して、一九三五年にアメリカ人物理学者ハワード・ロバートソンとイギリス人数学者アーサー・ウォーカーらによって同じような宇宙モデルが発見されて、初めてフリードマンの業績が知られるようになりました。

フリードマンは宇宙についてのモデルを一つだけ導き出しました。しかし彼の仮定が正しいのなら、アインシュタインの方程式の解には三つの可能性が考えられます。つまり、フリードマンの宇宙のモデルは三つあることになり、宇宙の振る舞いも三つあることになります。

第一の解（フリードマンが見つけたもの）では、宇宙の膨張はゆっくりしているため、異なる銀河の間に働く重力によって遅くなり、最終的には止まることになります。そして、銀河は互いに近づき始め、宇宙は収縮するのです。第二の解では、宇宙の膨張はあまりに急激なため、重力によって少しは速度が鈍くなりますが、決して止まりません。最後に第三の解では、宇宙は収縮を避けるのにちょうど見合うような速度で膨張します。この解では銀河どうしが互いに離れていく速度は徐々に遅くなり続けますが、決してゼロにはなりません。

フリードマンの第一のモデルで注目すべき特徴は、宇宙は空間的に無限ではなく、その

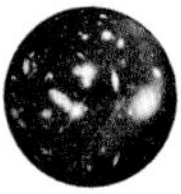

空間には境界がないという点です。このモデルでは重力は非常に強く、そのため空間自体をぐるりと曲げています。これはどちらかというと、有限であるが境界がない地球の表面に似ています。もし地球の表面をある一定の方向に向けてずっと旅行しても、決して通り越すことのできない壁に出くわすこともなければ、縁から落ちてしまうこともありません。最終的には旅を始めた場所、出発点に戻ることでしょう。第一のモデルでの空間もこのようなもので、ただ地球の表面のように二次元ではなく三次元です。宇宙をぐるりと回って、結局スタート地点に戻ってしまうという考えはＳＦとしてはおもしろいですが、しかし一周する前に宇宙は一点に再収縮してしまうので、実際的な意味はあまりありません。宇宙はあまりに大きいので、宇宙が終わりを迎える前にスタート地点に戻るためには光よりも速く旅行する必要がありますが、それは理論的に不可能です。

　フリードマンの第二のモデルでは、空間はやはり曲がっていますが、曲がり方は異なります。フリードマンの第三のモデルでのみ、空間は平坦です。もっとも、質量の大きい天体のまわりでは空間は曲がり、ゆがんでいますが、大きなスケールでは平坦です。

　どのフリードマンのモデルが私たちの住んでいる実際の宇宙に対応しているのでしょうか？　宇宙は最終的には膨張を止め収縮し始めるのでしょうか、それとも永遠に膨張し続けるのでしょうか？

この疑問に対して答えることは、科学者がはじめに考えたよりはるかに複雑であることがわかってきました。最も基本的に調べなければならないことは、次の二つです。宇宙の現在の膨張率、そして宇宙の平均密度（一定の体積の空間にある物質の量）です。現在の宇宙膨張率が速ければ速いほど、その膨張を止めるにはより強い重力が必要となります。したがってより物質の密度が高いことが必要となるのです。平均密度がある臨界値（膨張率により決定される）よりも高ければ、宇宙に存在する物質の重力がその膨張を止めることができ、そして収縮を引き起こします（フリードマンの第一のモデルに対応）。平均密度がその臨界値よりも低ければ、宇宙の膨張を止めるのに十分な重力は得られず、そのため宇宙は永遠に膨張し続けることになります（フリードマンの第二のモデルに対応）。そして宇宙の平均密度がその臨界値とまったく同じなら、宇宙の膨張速度は永遠に減少し続け、静的状態へゆっくりと近づきますが、決してそれにたどり着くことはありません（フリードマンの第三のモデルに対応）。

では、どれが正しいのでしょうか？　ドップラー効果により私たちから遠ざかっているほかの銀河の速度を測定することで、現在の膨張率を決定することができます。この方法を使えば、非常に正確な値を出すことができます。しかし、銀河までの距離は間接的にしか測定できないので、その値はあまりよくわかっていません。したがって、私たちがわかることは、十億年ごとに五%から一〇%の割合で宇宙が膨張していることだけです。現在の宇宙の平均密度はさらに不確実です。まず、天の川銀河や他の銀河で見ることができるすべての恒星の質量を足し合わせたとしても、その合計質量は宇宙の膨張を止めるのに必要な量の百分の一にさえ及びません(たとえその膨張率を最小に見積もったとしても、とても足りません)。

しかし、話はそれだけではありません。私たちの天の川銀河や他の銀河には、多量の「暗黒物質」が存在します。暗黒物質は直接見ることはできませんが、銀河内の恒星の軌道にその重力作用を及ぼしていることから、そこにあるはずだということがわかります。最大の証拠は私たちの天の川銀河のような渦巻銀河のはずれにある恒星の運動でしょう。こうした恒星は、観測されている銀河の恒星の重力のみで軌道上を周回するには、動きが速すぎるのです。さらに、ほとんどの銀河は群を作っており、これらの銀河団の間にもさらに多くの暗黒物質があることが、銀河の動きへの影響からわかっています。事実、宇宙では暗黒物質の量は、星やガスといった普通の物質の量より多いのです。

ただこの暗黒物質を合計しても、宇宙の膨張を止めるのに必要な物質量の十分の一にしか達しません。しかし別の形態をとる暗黒物質が存在し、宇宙全体に分布している可能性もあります。私たちはいまだにその物質を直接検出できていませんが、その物質がさらに宇宙の平均密度を大きくしているかもしれません。たとえば、ニュートリノと呼ばれるタイプの素粒子が存在しますが、これは他の物質とは非常に弱くしか相互作用せず、検出も非常に困難です（最近のニュートリノの実験では、神岡鉱山の中に設置されているスーパーカミオカンデのように五万トンもの水を満たした巨大な地下検出器を用いています）。かつてニュートリノは質量がなく、そのため重力はきわめて弱いと考えられていました。しかしここ数年にわたる実験により、以前にはとても検出できなかったほどの非常に小さな質量を確かに持っていることがわかってきました。ニュートリノに質量があるなら、これが暗黒物質の一種かもしれません。たとえニュートリノを暗黒物質とみなすとしても、宇宙内の物質は宇宙の膨張を止めるのに必要な量に比べてまだはるかに少なく、最近まで大部分の物理学者はフリードマンの第二のモデルが正しいと考えてきました。

そんなとき、新たな観測結果が現れたのです。ここ数年間、多くの研究チームがペンジアスとウィルソンによって発見されたマイクロ波の宇宙背景放射にある小さなゆらぎの研究をしてきました。このゆらぎの強弱は、宇宙の大きなスケールでの幾何学的指標として用いることができます。この観測の結果は宇宙が平坦であること、つまりフリードマンの第三のモデルを示唆しています。しかしこれを説明するだけの十分な物質や暗黒物質はないので、物理学者はそのために暗黒エネルギーといういまだ検出できていない物質の存在を仮定しています。

さらに事態を複雑にすることに、最近の別の観測により、宇宙の膨張が実際には減速しているのではなく加速しているということが示唆されたのです。こんな事態はフリードマンのどのモデルも予測していません！　宇宙の膨張が加速しているというのは非常に奇妙なことです。宇宙内の物質の影響により、その密度が高かろうと低かろうと宇宙の膨張は減速するしかありえないのですから。何といっても、重力は引力なのです。宇宙の膨張が加速しているということは、爆弾の爆風が爆発後よりもその後に強くなるようなものです。どんな力が宇宙をさらに速く膨張させる原因となりうるのでしょうか？　誰もこれについてはっきりとは答えられません。しかしこれは、本人は後から取り消したにせよ、宇宙項（そして反重力効果）が必要だとしたアインシュタインが正しかったということを示す観測的な証拠かもしれません。

今、私たちは宇宙について、急激に進歩している新しい観測技術と大きな新しい宇宙望遠鏡により、新たな、そして驚くべき事実を急速に学んでいるのです。今では、これからの宇宙がどうなるのかについて、宇宙はかつてないような速さで今後も膨張を続けるという好ましいアイデアもあります。うっかりブラックホールに落ちるようなことのない十分に慎重な人にとっては、少なくとも時間は永遠に続くでしょう。しかし宇宙の始まりにつ宇宙はどのように始まり、そして何が宇宙を膨張させたのでしょうか？　いてはどうなのでしょうか？

8

The Big Bang, Black Holes, and the Evolution of the Universe

ビッグバン、ブラックホール、宇宙の進化

フリードマンの第一の宇宙モデルでは、四つめの次元である時間は空間と同様に有限です。そしてそれは両端のある一本の線のようなものです。つまり時間には終わりも、また始まりもあるのです。事実、宇宙には観測されているような量の物質が存在するとするアインシュタインの方程式のすべての解は、一つの非常に重要な特徴を共有しています。それは、どの解でも過去のある時点（約百三十七億年前）では、隣りあう銀河間の距離がゼロだったことです。言い換えると、宇宙全体が半径ゼロの球のように、大きさがゼロのある一点に押しつぶされていたのです。そのとき、宇宙の密度と時空のゆがみは無限であったと考えられます。それこそが私たちがビッグバンと呼ぶ瞬間です。

私たちのあらゆる宇宙論は時空がなめらかでほぼ平坦であるという前提のもとに定式化されています。ということは、ビッグバンの瞬間においては、これらの理論がすべて破綻《はたん》してしまうことになるのです。無限のゆがみのある時空を、ほぼ平坦と呼ぶことはできません！　したがって、ビッグバンの前に何か事象があったとしても、その事象からその後に何が起きるかを予測することはできません。ビッグバンのときに予測可能性が破綻してしまうからです。

同じように、逆にビッグバン後に起きる事象を知っているとしても、やはりそれ以前に起きたことをビッグバンの前にさかのぼって知ることもできません。私たちがわかっているかぎり、ビッグバン以前に何か事象があったとしても、それはビッグバン後にはどんな影響も残せないので、科学的な宇宙モデルに含まれるべきではありません。したがってそれらは宇宙モデルから切り捨てるべきもので、ビッグバンこそが時間の始まりだとすべきなのです。つまり「誰がビッグバンの条件を整えたのか？」といった質問は、科学的質問ではないことになります。

宇宙の大きさがゼロから始まったとすると、もう一つ無限だったものは宇宙の温度です。ビッグバンのときには、宇宙は無限に熱かったと考えられています。しかし宇宙が膨張するにつれて、放射の温度は低下しました。温度は単純に粒子の平均エネルギー（もしくは速度）を表す目盛りなので、宇宙の温度が下がることは宇宙に存在する物質に大きな影響を及ぼします。非常に高温のときには、粒子は速い速度で運動しているため、核力や電磁力といった粒子間に働く引力から逃れることができます。しかし温度が下がると、粒子はこれらの引力で互いに引きあって凝集を始めることになります。宇宙に現在どんなタイプの粒子が存在しているのかも、宇宙の現在の温度によります。宇宙の現在の温度は宇宙の年齢によるので、どんな粒子が存在しているかは年齢によるとも言えます。

アリストテレスは物質が粒子から作られていることを信じませんでした。彼は物質は連続的なものだと思っていたのです。アリストテレスは、物質は無限に細かく分割でき、これ以上は分割できないという物質の粒に出くわすことは決してないと考えました。しかし、デモクリトスなど何人かのギリシャ人は、物質は本質的に粒状であり、すべての物は非常に多くの、また多様な種類の原子から作られていると考えました（ギリシャ語で原子《アトム》とは「分割できない」という意味です）。現在、少なくとも私たちの今の環境下では、そして宇宙が現在の状態であるかぎりでは、この考えが正しいことを私たちは知っています。ただし宇宙の原子は昔から常に存在していたわけでもなく、分割できないようなものでもありません。また、原子は宇宙にある多様な粒子のほんの一種類にしか過ぎません。

原子は、より小さい粒子である電子、陽子、中性子から作られています。陽子と中性子自体もまたさらに、クォークと呼ばれるさらに小さな粒子から作られています。それに、これら素粒子には、それぞれ対応する反粒子が存在します。反粒子はその対応する粒子と同じ質量ですが、電荷やその他の属性は反対になっています。たとえば、陽電子と呼ばれる電子の反粒子は、電子の電荷とは反対の正の電荷を持っています。もしかすると、反粒子から作られている反世界が存在し、反人類がいるかもしれません。しかしながら、反粒子が粒子と出会うと、互いに一緒になって消滅してしまいます（これを対消滅と言います）。ですから、もしあなたが反自分に出会っても、決して握手してはいけません！　握手してしまうと、二人のあなたは強い閃光《せんこう》とともに消滅してしまうでしょう。

光は、光子と呼ばれる質量のないタイプの粒子です。地球にとって太陽という近くにある核融合炉は、光子の最大の供給源です。太陽は、前述したニュートリノ（と反ニュートリノ）という他のタイプの粒子の大きな供給源でもあります。しかしこれら極端に軽い粒子はほとんど物質と相互作用をせず、したがって私たちの体を一秒に何十億個ものニュートリノが何の作用も起こさずに通り過ぎています。こうした素粒子を物理学者たちは全部で何十個も見つけてきました。時間が経つにつれて宇宙は複雑な進化をとげてきているので、こうした粒子の種類も増えてきました。地球のような惑星や私たちのような生命が存在することが可能になったのは、この進化のおかげです。

ビッグバンの一秒後、宇宙膨張の効果でその温度は摂氏約百億度ほどにまで下がりました。この温度は太陽の中心温度のおよそ千倍ですが、水素爆弾が爆発したときもこのぐらいの温度になります。このとき、宇宙には主として光子、電子、ニュートリノと、それらの反粒子が存在し、また多少の陽子と中性子も存在します。

これらの粒子のエネルギーは非常に高いので、それらが衝突するとそこから多くの粒子と反粒子のペアが生成します。たとえば、光子と光子の衝突で、電子とその反粒子である陽電子がペアで生まれます。そして新たに生み出された粒子は対応する反粒子と衝突し、対消滅します。電子と陽電子は互いに出会うといつでも対消滅しますが、その逆のことはそう簡単には起きません。光子のような質量のない二つの粒子が電子と陽電子のような粒子と反粒子のペアを作るには、衝突する際にある一定以上のエネルギーがなければなりません。電子と陽電子には質量があるので、その質量を新たに生み出すためには粒子の衝突時のエネルギーが大きくなければなりません。宇宙は膨張を続け、その温度は低下し続けているので、やがて電子／陽電子のペアを生み出すのに十分なエネルギーを伴う衝突が起きる頻度よりも、そのペアが消滅する頻度の方が高くなります。最終的に、ほとんどの電子と陽電子は互いに消滅してさらに多くの光子を生み出し、わずかな電子しか残りません。一方、ニュートリノと反ニュートリノはお互いにあるいは他の粒子とも非常に弱くしか反応しません。そのためそれほど急速に対消滅することはありません。つまりニュートリノと反ニュートリノは現在も周囲に存在するはずなのです。それらを観測できれば、初期の宇宙が非常に高温だったという説を検証するのに役立ちます。あいにく、何十億年も経った現在、ニュートリノのエネルギーは直接観測するにはあまりにも小さくなってしまっています（しかし間接的になら検出することはできるかもしれません）。

　ビッグバンの百秒後には、宇宙の温度は最も熱い恒星の中心温度と同じ十億度にまで下がったと考えられます。この温度になると強い力と呼ばれる力が重要な役割を果たすようになります。この強い力については第11章でもっとくわしく見ていきますが、これは距離の短い引力で、陽子と中性子を結合させて原子核を作ります。温度が高いときには、陽子と中性子は十分な運動エネルギーを持っているので（第5章参照）、衝突はするものの自由に飛びかっていることができます。しかし、温度が十億度まで下がると、陽子と中性子はもはや強い力から逃れられるだけのエネルギーを持たないので、結合して重水素の原子核を作るようになります。そしてその一つの陽子と一つの中性子からなる重水素の核は、さらに陽子や中性子と結合して、

光子・電子・陽電子の平衡
初期の宇宙では、電子と陽電子がぶつかって光子ができる過程と、光子どうしが衝突して電子と陽電子ができる過程はバランスがとれていました。宇宙の温度が下がるにつれてこのバランスが崩れ、光子の生成の方が多くなっていきます。最終的には宇宙にある電子と陽電子のほとんどが対消滅したため、現在ではわずかな電子しか残っていません。

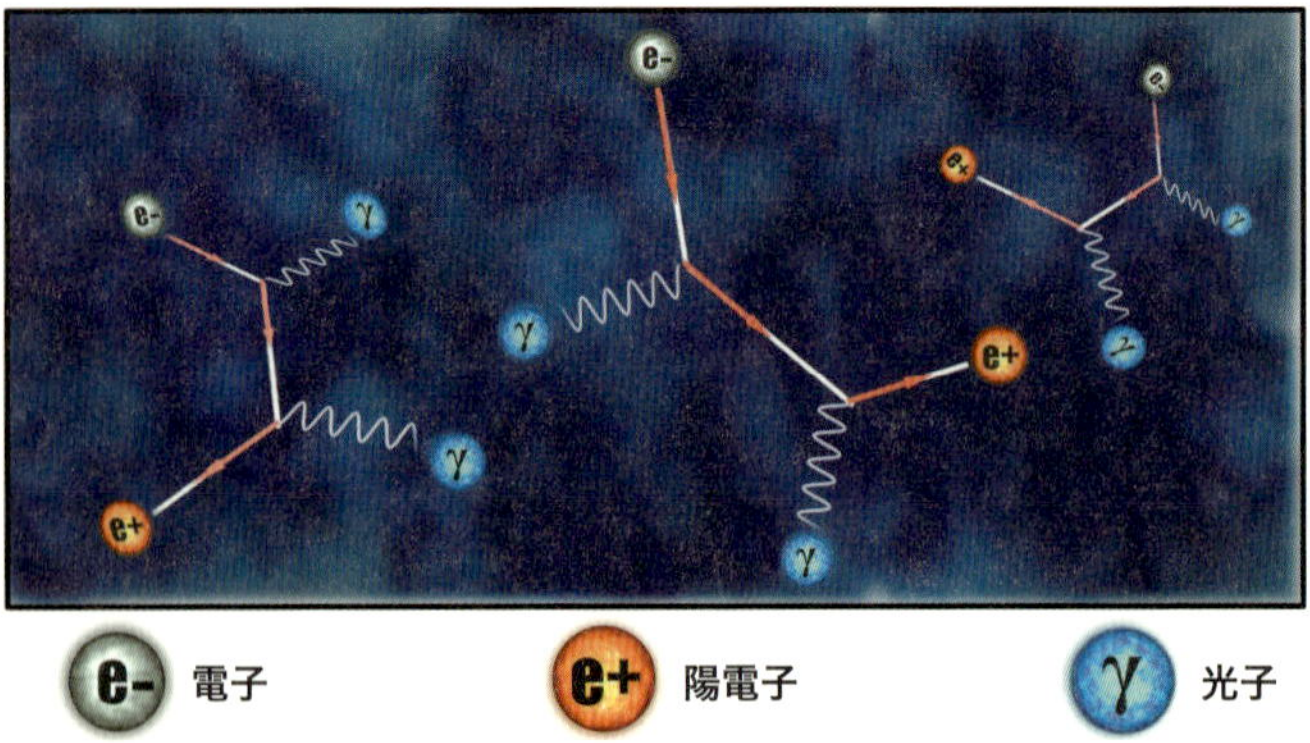

二つの陽子と二つの中性子からなるヘリウム原子核、また少量ですがそれよりも重い元素であるリチウムやベリリウムになります。計算によると、熱いビッグバンモデルでは陽子と中性子の四分の一がヘリウム原子核と少量の重水素やその他の元素になります。そして残った中性子は崩壊して陽子となり、これが水素原子の原子核となったのです。

宇宙が初期段階で熱かったという考えは、科学者ジョージ・ガモフ（一〇二ページ参照）が彼の学生だったラルフ・アルファとともに一九四八年に発表した有名な論文で提唱されました。ガモフにはかなりのユーモアのセンスがあったようです。というのも、原子核科学者であったハンス・ベーテを説得してその論文の著者に彼の名前を加えることを了承してもらい、「アルファ、ベーテ、ガモフ」というふうに、まるでギリシャ語の最初の三つのアルファベットであるアルファ、ベータ、ガンマのようにしたのです。これは宇宙の始まりについての論文としてはとりわけふさわしいでしょう。彼らはこの論文の中で、熱かった初期宇宙の名残として光の放射が（光子の形で）現在でも宇宙空間に存在しているはずであり、その光の放射の温度は絶対零度よりほんの数度高い程度にまで下がっているだろうという注目すべき予測をしたのです（絶対零度は摂氏マイナス二百七十三度にあたり、物質が熱エネルギーをまったく持っていない温度、つまりこれ以上低い温度はないという最低温度です）。

ペンジアスとウィルソンが一九六五年に発見したものこそが、このマイクロ波でした。アルファ、ベーテ、ガモフらが論文を書いた当時は、陽子と中性子の核反応についてあまりよく知られていませんでした。そのため、初期宇宙における多くの元素の割合についての予測はあまり正確なものではありませんでしたが、しかしこうした計算は知識が増えるたびに繰り返されてきたので、現在では私たちの観測と非常によく一致するようになりました。また、なぜ宇宙の質量の約四分の一がヘリウムとして存在しているのかを、ビッグバンで合成されるという理論以外で説明することは非常に困難です。

とはいえ、このビッグバンモデルには問題がありました。熱いビッグバンモデルでは、初期宇宙において熱がある領域から他の領域へと流れるのに十分な時間がなかったのです。宇宙背景放射はどの方向を観測しても同じ温度であることは前に述べましたが、熱が流れるだけの時間がないとすると、初期の宇宙はどこでもまったく同じ温度でなければならなかったことになります。また初期の宇宙の膨張の速さも、考えられないほど精密に微調整がされていなければならないことがわかっています。初期の速さがほんのわずか遅ければ、宇宙はすぐ収縮に転じつぶれてしまいます。また逆にほんのわずか速ければ、宇宙は大きく曲がってしまい平坦ではなくなります。私たちのような生命を意図して創り出した神の行為でもないかぎり、どうして宇宙がこのようにありえないような微調整をされた条件で始まったのかを説明することは、非常に困難です。

さまざまな要素が現在のような宇宙の姿にまで進化していくというモデルを探す試みとして、マサチューセッツ工科大学の科学者アラン・グースは、初期宇宙は非常に急激な膨張をしたのではないかと提案しました［訳注：ランダウ研究所のA・スタロビンスキーや東京大学の佐藤勝彦もこれよりいくらか早く同様の提案をしている］。宇宙のある時期に膨張率が加速していることから、この加速的膨張はインフレーションと言われています。このモデルでは、一秒よりはるかに短い時間の間に、宇宙の半径は百万の百万倍の百万倍の百万倍の百万倍（一のあとに〇が三十個続く）も大きくなります。そして風船が膨らむとしわがなくなるように、宇宙のいかなる密度のゆらぎもこの膨張によって取り除かれるのです。このようにインフレーションでは、多様で凸凹《おうとつ》だらけの初期状態から現在のなめらかで一様である宇宙にどのように進化するのかを説明できます。この理論は確かにうまくいっており、これが正しい宇宙初期の姿ではないかと多くの人が考えています。少なくともこれにより、宇宙はビッグバンから一億分の一のその一兆分の一のそのまた一兆分の一秒しか経っていない頃のことまで、議論できるようになったのです。

ともかくも宇宙初期のこのとてつもない状態を経て、ビッグバンの数時間後には、ヘリウムや、リチウムなどその他の元素の合成は終わりました。そしてそれから数百万年の間はとりわけ何も起こらず、宇宙はただ膨張し続けました。最終的には温度が数千度にまで落ち、電子や原子核はそれらの間に働く電磁力に対抗するだけの運動エネルギーを失って結合し、原子を形成し始めます。宇宙全体はさらに膨張と冷却を続けますが、平均よりわずかに密度の高い領域では、重力が強い分、膨張の速さが減速します。

こうした領域の一部では、重力により最終的には膨張が止まり、収縮を始めます。収縮が進むにつれて、重力が領域外から物質を引き込むことにより、この領域がわずかに回転を始めることもあります。収縮している領域は小さくなるにしたがい、より速く回転するようになります。これは氷上を回転するスケーターが腕を体に近づけるほどより速く回転することと同じです。この領域が十分小さくなると、その回転の速度が重力と釣りあうほど速くなり、結果として回転する渦巻銀河が生まれたのです。密度の高い領域のうちたまたま回転が生じなかったところは、楕円銀河と呼ばれるものになります。楕円銀河内では、銀河の各領域がそれぞれ別個に安定した軌道で銀河の中心を回ることで銀河の収縮は止まっていますが、銀河は全体としては回転をしていません。

時間が経つにつれて、銀河内の水素ガスとヘリウムガスは引きちぎられて小さな分子雲となり、さらに自分自身の重力で収縮することになります。そしてこれらのガスが収縮し、ガス内の原子が互いに衝突するにつれて、ガスの温度は上昇し、最終的には核融合反応が起こるほどの高温になります。恒星の誕生です。この核融合反応により水素がヘリウムへと転換されます。水素爆弾の爆発と同様に、この反応で放出される熱が星の輝きの元となっています。さらにこの熱によってガスの圧力が高くなり、重力と釣りあうようになると、ガスの収縮が止まります。このようにして、ガス雲は収縮して私たちの太陽のような恒星となり、水素を燃やしてヘリウムを作り、熱や光としてエネルギーを放出しているのです。星は風船に似ているとも言えるでしょう。風船を膨らませようとする内部の空気圧と、風船を小さくしようとするゴムの張力が釣りあっているのです。

ガス雲が収縮して恒星になると、この星は核反応による熱と重力とが釣りあうので長期間安定して輝き続けます。しかし最終的には水素やその他の核燃料を使い果たします。逆説的ですが、星は生まれたときに持っている燃料が多ければ多いほど、つまり質量が大きいほど、それを短時間で使い果たしてしまいます。なぜなら、星の質量が大きければ大きいほど、その重力と平衡になるためには温度が高くならなければならないからです。星の温度が高ければ高いほど、核融合反応は速く進むようになり、燃料を早く使い果たしてしまうのです。私たちの太陽はこれからさらに五十億年くらい輝くだけの燃料を持っていますが、太陽よりはるかに質量のより大きい星ではわずか一億年程度で燃料を使い果たしてしまいます。これは宇宙の年齢に比べてはるかに短いものです。

星はその燃料を使い果たすと、重力が勝るようになり、収縮を始めます。するとこの収縮によって原子が互いに押しあうようになり、星は再び熱くなります。星が熱くなるにしたがって、前の水素燃焼の燃えかすであったヘリウムは核融合反応を起こし、炭素や酸素など質量の大きい元素に転換されます。しかし、このように前の反応の燃えかすを新たな燃料としてエネルギーを出すことはいつまでもできることではなく、これ以上燃やすことのできない鉄の元素が星の中心にたまったとき、重大な局面が生じます。次に起こることは完全にはわかっていませんが、おそらく星の中心部が重力崩壊して、ブラックホールのような高密度の状態になるでしょう。

「ブラックホール」という用語は最近できたものです。一九六九年にアメリカ人科学者ジョン・ホイーラーが、二百年以上も昔の考え方を視覚的に説明するために作り出した言葉なのです。二百年前には、光に関して二つの理論がありました。一つは、ニュートンが好んだもので、光は粒子だというものです。そしてもう一つは、光は波だというものです。現在では、私たちはその両方が正しいことを知っています。第9章で見るように、量子力学における波と粒子の二元性によって、光は波とも粒子ともみなせるのです。「波」とか「粒子」という記述は人間が作り出した概念であり、自然界にはあらゆる現象をそのどちらかに分類する義務などないのです。

光は波だという理論では、それが重力にどのように反応するかは当時明らかではありませんでした。しかし光が粒子だと考えると、それら粒子が砲弾やロケットや惑星と同様に重力の影響を受けると考えられます。とりわけ、もし砲弾を地球や恒星の表面から撃ちあげると、その速度がある値より小さければ最終的には停止して地面へ落ちてきます。このときの最小速度は脱出速度と呼ばれていま

脱出速度より速い砲弾と遅い砲弾

脱出速度より速い速度で打ち上げられた砲弾は戻ってきません。

す。脱出速度は星の重力に依存しています。星の質量が大きいほど、脱出速度も大きくなるのです。当初、光の粒子は無限の速度で進んでいるので、重力もそれを減速させることはできないと考えられていましたが、しかしレーマーが光が有限の速度で進むのを発見したことで、重力が重要な影響をもたらすかもしれないと考えられるようになりました。もし星の質量が十分大きければ、光の速度はその星の脱出速度より小さくなり、そのため星が放つすべての光はその星自身へ戻って落ちていってしまいます。

この仮定のもとに、ケンブリッジ大学の学監だったジョン・ミッチェルは一七八三年にロンドン王立協会哲学紀要に論文を発表しました。その中で彼は、十分な質量と密度がある星は非常に強力な重力場を持つので、光といえどもこの星から逃げだすことはできないと指摘しました。つまりこの星では、その表面から放たれたどんな光も、遠くへ行く前に星の重力によって引き戻されてしまうのです。このような物体を私たちは見たままに、すなわち空間内の黒い欠落部分ということでブラックホールと呼ぶのです。

それから数年後、フランス人科学者ピエール・シモン・ラプラスが、おそらくミッチェルの論文とは関係なく、同様の指摘をしました。おもしろいことに、ラプラスはこの仮説を彼の著作『世界体系の解説』の第一版と第二版には載せましたが、以降の版からは削除していました。きっとこれはばかげた考えだと思いなおしたのでしょう。光は粒子だという理論は十九世紀の間にすたれてしまいました。というのも、光は波だとする理論ですべて説明ができたからです。実際のところ、光の速度は不変なので、ニュートンの万有引力理論における砲弾のように光を扱うのには矛盾があります。地球で上向きに撃たれた砲弾は重力により減速し、最終的には止まって落ちてきます。しかしながら、光子は一定の速度、光速で上昇し続けなければなりません。重力が光にどのような影響をもたらすかについての矛盾のない理論は、一九一五年にアインシュタインが一般相対性理論を提唱するまで存在しませんでした。一般相対性理論に従うと質量の大きい星では何が起きるのかという問題は、一九三九年に若きアメリカ人ロバート・オッペンハイマーによって初めて解決されました。

オッペンハイマーの業績から私たちが現在わかっていることは以下のとおりです。星の重力場は時空での光の経路を、星が存在していなかったときの経路から変化させます。これは日食の間に観測される遠くの星からの光が曲がるのと同じ効果です。時空内で光が進む経路は星の表層の近くではわずかに内側に曲げられます。そして星が収縮すると、その密度は上昇するので、その表層の重力場はさらに強くなります（重力場は星の中心点から発しているものと見ることができます。星が収縮するとその表面は中心に近づくのでより強い重力場の作用を受けるのです）。そしてより強い重力場では、表層に近い光の経路は、より強く内側に曲げられます。最終的に、星の半径がある臨界値まで収縮すると、表面の重力場はあまりに強くなるため光の経路も大きく曲げられてしまい、結果として光はもはや逃れることができなくなるのです。

一般相対性理論によると、光よりも速く進むものはありません。したがって光が逃げることができないのなら、他には逃げることのできるものなど存在せず、すべてが重力場によって引き戻されます。崩壊してしまった星は、その周囲に光といえども脱出できない時空領域を形成します。ここにとらわれた光は遠くの観測者にまったく届きません。この領域こそがブラックホールなのです。ブラックホールの外側の境界は事象の地平面と呼ばれています。現在ではハッブル宇宙望遠鏡のように可視光でなくエックス線やガンマ線で観測する望遠鏡のおかげで、私たちはブラックホールは最初に考えられたようにまれな特異な天体ではなく、はるかにありふれたものであることがわかっています。実際、一つの人工衛星が天空のほんの狭い領域に千五百ものブラックホールを発見したこともあります。また、私たちの銀河の中心にも太陽の百万倍以上の質量を持つブラックホールがあることも発見されています。その超大質量のブラックホールには、そのまわりを光速の二%の速さ、なんと原子核のまわりを回る電子の平均速度よりも速く回る星があります。

大質量の星が崩壊してブラックホールを形成する現場を見て、そこで目にすることを理解するためには、相対性理論においてはもはや絶対時間というものがないことを思い出さなければならないでしょう。言い換えると、それぞれの観測者にはそれぞれの時間の基準があるのです。星の表面にいる人にとっての時間の経過は星から離れている人のそれとはまったく異なります。なぜなら、星の表面では重力場がはるかに強いからです。

では、勇敢な宇宙飛行士が収縮しつつある星の表面にいて、星が内側へ向けて収縮していく間そこにとどまり続けると考えてみましょう。次に彼の腕時計が十一時〇〇分〇〇秒になった時点で、星が収縮してその半径が小さくなり、あらゆるものが逃れられなくなるほど重力が強くなる臨界半径以下の大きさになったとしましょう。そして自分の時計で一秒ごとに、上空にあって星から一定の距離を保ちつつ軌道に乗っている宇宙船に向かって、信号を発信するとしましょう。彼は十時五十九分五十八秒、すなわち十一時〇〇分〇〇秒の二秒前から信号を送り始めます。すると宇宙船にいる同僚はどんな信号を受信して記録することになるでしょうか?

前に述べたロケットの中の思考実験では、重力は時間が進むのを遅らせ、その効果は重力が強ければ強いほど大きくなることがわかりました。星にいる宇宙飛行士は軌道上に比べてより強い重力場にいるため、彼にとっての一秒は軌道上の同僚にとっては一秒以上の時間になります。そして星が内部へと収縮するにつれて、彼が経験する重力場はますます強くなるので、彼が送る信号の間隔は宇宙船に乗っている人にとってはどんどん長くなっていくように感じられるでしょう。この時間が延びる効果は十時五十九分五十九秒より前では非常に小さいので、星にいる宇宙飛行士が彼の時計で十時五十九分五十八秒と十時五十九分五十九秒に送った二つの信号は、軌道上にいる宇宙飛行士には、その間隔が一秒よりほんのわずかだけ長くなって受信されます。しかし、十一時〇〇分〇〇秒の信号を受信するには、軌道上の彼らは永遠に待ち続けなければなりません。

星にいる宇宙飛行士の時計で十時五十九分五十九秒と十一時〇〇分〇〇秒の間に星の表面で起きたできごとはすべて、宇宙船から観測すると無限の時間に広がって見えるでしょう。十一時〇〇分〇〇秒が近づくと、星にいる宇宙飛行士からの信号と同様に、星からの光の波の山と谷の間の時間間隔は、だんだんと長くなっていきます。光の振動数は一秒あたりのその山の数（もしくは谷の数）により計算されるため、宇宙船にいる人から見ると星の光の振動数はどんどん低くなっていきます。したがって、その光はどんどん赤みを帯びてきます（そしてより弱くなっていきます）。結局、その星はどんどん暗くなるため宇宙船からはもはや見ることができなくなります。ただ一つ残るのは、空間上の黒い穴、すなわちブラックホールだけです。しかしながら、その星は宇宙船に対して今までと同じように重力の影響を与え続け、宇宙船も軌道を回り続けます。

しかし次の問題によりこのシナリオは完全に現実的とは言えません。重力は星から遠ざかるほど弱くなるので、この星にいる勇敢な宇宙飛行士の足に作用する重力は彼の頭に作用する重力よりも強いはずです。そのため星の半径が事象の地平面が形成される臨界半径にまで収縮す

重力の差

重力は距離が離れるにつれて弱くなるので、頭よりも地球の中心に1、2メートル近い足の方がより強く引っ張られます。その差はとてもわずかなものなので地上では感じられませんが、ブラックホールの表面近くにいる宇宙飛行士ならばらばらに引き裂かれてしまうでしょう。

る前に、この重力の差がスパゲッティのように宇宙飛行士を引き伸ばすか、またはばらばらに引き裂いてしまうでしょう。

しかし、星以上にはるかに大きな天体が宇宙には存在します。たとえばそれは銀河の中心領域に重力崩壊で形成されると考えられている巨大ブラックホールです。このように重力崩壊をしている天体上にいる宇宙飛行士は、巨大ブラックホールが形成される前にばらばらにされることはありません。事実、臨界半径に近づきつつあるときでも、彼は特に変わったことを感じることもなく、そして引き返せなくなる場所も気づくことなく通過するでしょう。ただし、外部から見ている人にとっては、彼の信号の間隔はどんどん長くなり、最終的には信号は来なくなってしまいます。しかし、その後（宇宙飛行士の時計で）数時間以内には、重力崩壊が進むにつれて彼の頭と足に作用する重力の差はどんどん大きくなり、結局は彼を引き裂いてしまいます。

大質量の星が崩壊するとき、その星の外部領域も超新星爆発と呼ばれるものすごい爆発で吹き飛ばされることがあります。超新星爆発はあまりに巨大なので、その星のある銀河のすべての星の光を合わせたものよりも強い光を発する場合があります。その例の一つが、私たちが現在、かに星雲として見ることのできる超新星爆発です。この超新星は一〇五四年、中国で記録されています。その爆発した星は五千光年も離れているにもかかわらず、何か月間も肉眼で見ることができました。さらに昼にも観測でき、夜にも読書ができるほど明るかったのです。その十分の一の距離である五百光年の距離にある超新星なら、さらに百倍は明るいので、文字通り夜を昼に変えてしまうことができるでしょう。こうした爆発は太陽から何千万倍も遠くにあるにもかかわらず太陽に匹敵するほど明るいということを考えると、いかに激しいものかがわかるでしょう（太陽までの距離は光で八分という近さであることを思い出してください）。

超新星が地球に近いところで起これば、地球はただではすみません。地上の全生物を殺してしまうほどの放射線が放たれることでしょう。事実、約二百万年前の更新世と鮮新世の海洋生物の大量絶滅は、さそり座・ケンタウルス座連合体と呼ばれる近くの星団で起きた超新星からの宇宙線によって引き起こされたという学説が最近提案されています。科学者の中には、高等生物は銀河内のあまり多くの星が存在しない領域（「生命帯」と呼ばれる）でのみ進化しうると信じている人もいます。星の高密度な領域では超新星のような現象がよく起きるため、進化の始まりの段階で生命が滅ぼされてしまうからです。毎日宇宙のどこかで、平均して何十万もの超新星爆発が起きています。だいたい、どの銀河でも超新星爆発は一世紀に一回の割合で起きています。もちろんそれは単なる平均値です。少なくとも天文学者にとっては不運なことですが、天の川銀河で最後に超新星が記録されたのは、望遠鏡が発明される前の一六〇四年のことでした。

私たちの銀河内で次に超新星爆発を起こす第一の候補はカシオペア座のロー星です。幸いそれは一万光年離れており、安全で好都合な距離です。この星は黄色超巨星として知られる星に分類されます。天の川銀河には黄色超巨星として知られている星は七つしかないのですが、これはその一つです。天文学者の国際研究チームは一九九三年にこの星に関する研究を始めました。その後の数年間の観測で、彼らは数百度の周期的な温度変動を観測しました。そして二〇〇〇年の夏にはその温度が突然、摂氏約七千度から四千度まで下がりました。またその間に、研究チームはその星の大気にチタニウム酸化物が存在することも検出しました。これは大規模な衝撃波によって星の外層の一部が放出されたのだと信じられています。

超新星から、星の寿命の最後の段階で合成された重元素が銀河内へ放出されます。これらが次世代の星のための原料の一部となるのです。ここで言う重元素とは、天文学の用語で炭素や窒素、酸素や、それより重い元素のことです。私たちの太陽自体もこれら炭素や窒素、酸素などの重元素を二％ほど含んでいます。太陽はおよそ五十億年前に、それ以前に起こった超新星の放出物を含む回転しているガス雲から、二世代目あるいは三世代目の星として形成されました。雲にある大半のガスは太陽を形成するかあるいは遠くへ吹き飛ばされましたが、重元素の一部は互いに集まり、地球のように太陽のまわりを回っている天体を形成しました。人間にとっては貴重な金属である金や、原子炉の燃料であるウランは、ともに私たちの太陽系が生まれる以前に起こった超新星の破片、放出物なのです。

凝集してできたときの地球は非常に熱く、大気を持っていませんでした。時が経つにつれて、温度が下がり、岩石から放出されるガスから大気が生まれました。この初期の大気は、私たちがその中で生きていけるようなものではありませんでした。当時の大気は酸素を含まず、逆に硫化水素（腐った卵のにおいの元となる）といった私たちにとって有害な多くのガスを含んでいたのです。しかしながら、このような状況下でも繁殖できる原始形態の生物がいます。それらの生物は海の中で、おそらくは原子が偶然組み合わさって高分子と呼ばれる大きな構造物となった結果、誕生し進化したのではないかと考えられています。この高分子は海の中の他の原子を集め、同様の構造物へと組み立てる能力を持っていました。そのため、高分子は自己増殖して増えていきましたが、時にはその過程でミスが生じます。ミスが起こるとほとんどの場合、新しい高分子の自己増殖ができなくなり、最終的には破滅してしまいます。しかしながらこれらのミスの中にはほんの一部ですが、自己増殖にはむしろ好都合となるような新しい高分子ができることもありました。このおかげで、この新たな高分子は生存に有利となり、元の高分子にとって代わっていったのでしょう。このようにして進化の過程が始まり、より複雑な自己増殖する有機体へと進化していきました。最初の原始生物は硫化水素をはじめさまざまな物質を消費して酸素を放出しました。これは徐々に大気の組成を現在のものへと変えていき、魚や爬虫類や哺乳類、そして最終的には人類といったより高等な生物の進化を可能にしたのです。

二十世紀の間に人類の宇宙への視点は大きく変化しました。私たちは広大な宇宙の中では私たちの惑星がいかに微々たるものであるかを認識しました。私たちは時間と空間は一体不可分のものであり、また曲がったものであることを、そして宇宙が膨張して、時間には始まりがあったことをも発見しました。

宇宙が最初は高温で、膨張するにつれて冷えていったという見方は、アインシュタインによる重力の理論、一般相対性理論に基づいています。私たちが現在まで得てきた観測の結果がすべてこれと合致しているということは、この理論は大きな成功を収めていると言えます。しかし、数学では無限の数を実際に扱うことはできません。したがって一般相対性理論は、宇宙はその密度と時空のゆがみが無限であったビッグバンによって始まったと予測することで、一般相対性理論自体が破綻あるいは機能しない時点が宇宙に存在したと予測していることになります。ビッグバンの瞬間のような数値が無限になる点は、数学者が特異点と呼ぶものです。ある理論が、無限の密度や無限のゆがみといった特異点を予測する場合、それはその理論が何らかの形で修正されなければならないことを示しています。一般相対性理論は宇宙がどのようにして始まったかを説明することができないため、不完全な理論なのです。

一般相対性理論に加えて、二十世紀にはまた、自然世界を記述するもう一つの偉大な理論、量子力学も生まれました。この理論は非常に小さなスケール、ミクロの世界で起こる現象を扱います。ビッグバンの理論によれば、宇宙はごく初期には非常に小さかったことになるので、何億光年という宇宙の大規模構造を研究するときでさえ、もはや量子力学の小さなスケールでの効果を無視することはできないのです。私たちの最も大きな望みは、宇宙の最初から最後までの完全な理解を得ることです。この望みは、量子論と一般相対性理論という、一方だけでは世界を記述するには不完全である二つの理論を、一つの量子重力理論に統一することで可能になるでしょう。この理論では、時間の始まりを含む宇宙のどの時刻でも、特異点なしで一般的な科学の法則が成立するのです。

9

Quantum Gravity

量子重力理論

科学理論の成功、とりわけニュートンの万有引力の成功により、ラプラスは十九世紀初頭に宇宙は完全に決定論的であると主張するようになりました。つまりラプラスは、少なくとも原則として宇宙で起こるすべての事象を予測できる科学法則の体系が存在するはずだと信じていたのです。これらの法則が必要とする唯一の情報は、ある時点での宇宙の状態に関する完全な情報です。これは初期条件とか境界条件と呼ばれています（境界とは空間あるいは時間における境界を意味します。空間での境界条件とは、宇宙の境界の外側——もしあるならばですが——の状態のことです）。ラプラスは、完全な法則の体系と、適切な初期条件と境界条件さえ知ることができれば、どの時点での宇宙の状態をも完全に算出できると信じていました。

初期条件が必要なのは直感的にも明白です。現在の状態が異なれば、将来の状態も当然異なるものとなることでしょう。空間における境界条件の必要性はややわかりにくいかもしれませんが、原理的には同じです。物理学的理論が基づく方程式は一般的にいろいろな解を持っているので、どの解が実現しているかを決定するためには初期条件と境界条件が必要なのです。これは例えると、銀行口座に預け入れや引き出しをすることに似ています。最終的に破産するか裕福になるかは、預けた金額と引き出した金額の合計だけではなく、まず最初にどれだけのお金が口座にあったかという境界条件あるいは初期条件にも依存するのです。

ラプラスが正しいとすると、現在における宇宙の状態がわかれば、これらの法則により宇宙の未来と過去の両方の状態がわかるはずです。たとえば、太陽や惑星の速度と位置がわかれば、ニュートンの法則を用いることで未来過去を問わずいつの時点での太陽系の状態をも算出することができます。このように決定論は、惑星の場合ではかなり明白なようです。結局のところ、天文学者は月食や日食といった現象を非常に正確に予測できるのです。しかしラプラスはこれからさらに一歩進み、人間の行動などさえも含むすべての事象を支配している同様の法則があると想定しました。

科学者が将来における私たちの行動のすべてを算出することなど本当に可能なのでしょうか？　一杯のグラスの水には十の二十四乗（一のあとに〇が二十四個続く）個もの分子が含まれています。現実的にはこれら分子それぞれの状態を知ることなどできませんし、ましてや宇宙の完全な情報など望むべくもありません。私たちの体についてすら不可能です。しかし宇宙が決定論的であるということは、私たち自身に膨大な情報を計算する能力がないとしても、私たちの将来は前もって決まっているということになります。

科学的決定論というこの原理は多くの反論を受けています。この原理は世界をふさわしい形で形成しようとする神の意思を冒すものだと感じられるからです。しかし、この考えは二十世紀初頭までずっと科学の標準的な考えでした。最初にこの考えをあきらめなければならないのではないかと考える徴候が現れたのは、イギリス人科学者レイリー卿とジェームズ・ジーンズ卿が星などの熱い物体が放射する黒体放射の量を計算したときでした（第7章で述べたように、どんな物体も熱すると黒体放射を放射します）。

現在私たちが信じている法則によると、熱い物体はすべての振動数において同等に電磁波を放出するはずです。これが本当であるならば、この物体は可視光のスペクトルのすべての色においても、またマイクロ波、電波、エックス線などのすべての振動数においても、等しいエネルギーを放出することになります。波の振動数は一秒あたりに波が上下に振動する数、すなわち一秒あたりの波の数であることを思い出してください。数学的に、熱い物体がどんな振動数でも等しい波を放つということは、一秒あたりの波の振動数が○から百万の間でも、百万から二百万の間でも、二百万から三百万の間でも、それ以上でも、等しいエネルギーを放つということです。ここで、一秒あたりの振動数が○から百万の間の波として放たれるエネルギーを1としましょう。すると、すべての振動数でのエネルギーの合計は1＋1＋1＋……（永遠に続く）となるでしょう。一秒あたりの波の数には限界はないため、そのエネルギーの合計は果てしないものとなります。この推論では、放射されるエネルギーの合計は無限であるはずです。

この明らかにおかしな結論を避けるために、ドイツ人科学者マックス・プランクは一九〇〇年に、可視光、エックス線、その他の電磁波は、彼が量子と呼ぶばらばらなかたまりとしてのみ放たれると提唱しました。第8章で見たように、現在では、この光の量子を私たちは光子と呼んでいます。光の振動数が上昇すれば、それが持つエネルギーも上昇します。したがって、いかなる色や振動数の光

最もかすかな光

光が弱いということは、光子が少ないということです。ある色における最もかすかな光は、光子がただ1つだけのものです。

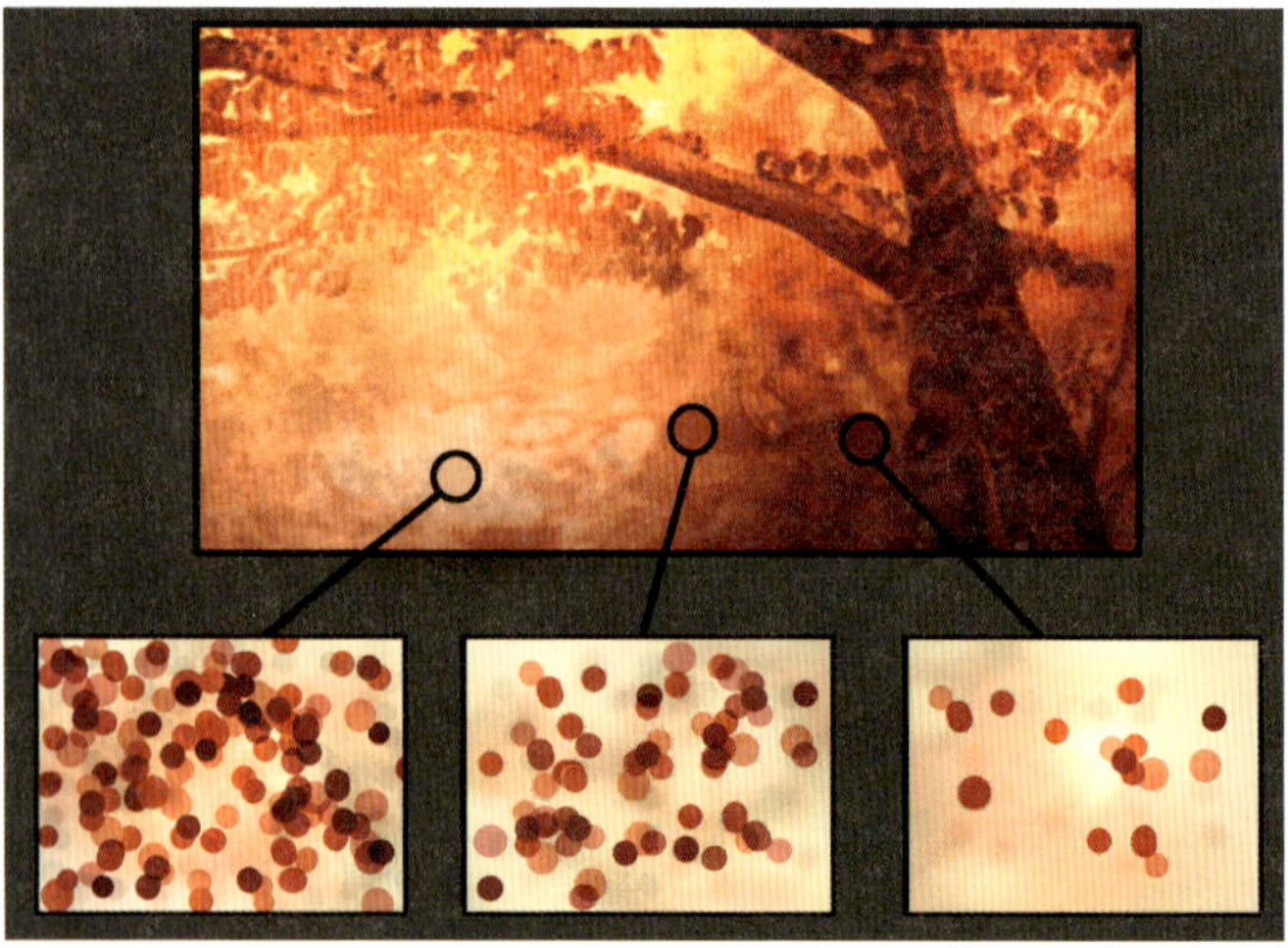

子も同一ではありますが、プランクの理論によると、持っているエネルギーの量という点では異なるのです。つまり量子論においては、ただ一つの光子のみを含む光のような、ある色における最もかすかな光であっても、その色に依存したエネルギーを持っていることになります。たとえば、紫外線は赤外線の二倍の振動数を持っているので、紫外線の量子一つあたりが持つエネルギーは赤外線のそれの二倍に相当します。したがって、考えうる最小単位の紫外線のエネルギーは赤外線のそれの二倍なのです。

こう考えることで、黒体放射に関する問題はどう解決されるのでしょうか？　黒体が放射する電磁波の、ある振動数での最小単位のエネルギーは、その振動数に対応する一つの光子が持つ量です。その光子のエネルギーは、振動数が高いほど大きくなります。そのため、黒体が放射するエネルギーの最小単位も、振動数が高いほど大きくなります。十分に高い振動数では、たとえ量子が一つだけだとしても、そのエネルギーは一つの物体が利用できる値を超えてしまいます。こうした場合には、光は放射されなくなるので、以前の計算では永遠に続くことになったエネルギーの合計がここで止まることになります。したがって、プランクの理論では、高い振動数での放射は減少し、そのため物体のエネルギー放出率は有限となり、黒体放射の問題が解決するのです。

この量子論による仮説は熱い物体からの観測上の放射率を非常によく説明しています。

しかし、この仮説が決定論に対して持つ深い意味は、一九二六年にもう一人のドイツ人科学者ヴェルナー・ハイゼンベルクが有名な不確定性原理を示したことで初めて理解されるようになりました。

不確定性原理は、ラプラスの考えとは逆に、科学法則を用いて未来を予測する私たちの能力にはそもそも限界があるということを示しています。ある粒子の未来の位置と速度を予測するには、その初期状態、つまり現在の位置と速度を正確に測定できなければなりません。では粒子に光を照射してこれを測定してみましょう。光を当てると光の波の一部はその粒子にぶつかって散乱します。観測者がその散乱した光を検出すれば、それにより粒子の位置がわかるはずです。しかし、光が波であることから、測定に使う光の波長よって測定精度には限界があります。光の波頭の間隔、つまり波長の長さよりも正確に粒子の位置を決定することはできないのです。したがって、その粒子の位置を正確に測定したいなら、より振動数が高くて波長が短い光を用いる必要があります。

量子論によると、光の一量子でさえ粒子をでたらめの方向に散乱します。つまり量子は粒子の速度を予測できない方法で変えてしまうのです。そしてその光の量子がより高エネルギーであればあるほど、そのかく乱は大きくなります。位置をより正確に測定するためにはより高エネルギーの量子が必要となりますが、そうすると粒子の速度がより大規模にかく乱されることになってしまいます。そのため、粒子の位置をより正確に測定しようとすればするほど、その速度の測定精度は減少します。またその逆も同様です。ハイゼンベルクは、粒子の位置の不確定性と運動量（粒子の速度と質量の積）の不確定性の積は、ある決まった値より小さくなることは決してないことを示したのです。これは、たとえば、ある粒子の位置の不確定性を精密な実験で半分にすると、その速度の不確定性は二倍になってしまうことを意味します。逆に速度の不確定性を半分にすると、その位置の不確定性は二倍になってしまいます。自然界はこの取引を私たちに永遠に強制するのです。

この取引はどのくらいやっかいなものでしょうか？　それは前述した「ある決まった値」に依存します。この値はプランク定数として知られているもので、非常に小さな数です。プランク定数は非常に小さいため、一般的にこの不確定性の取引の影響、そして量子論一般の影響は、相対性理論が日常の現象に与える効果と同じように小さなもので、私たちの日常生活で直接気づくことはありません（もっとも、効果は小さいとはいえ、量子論は近代エレクトロニクスのような分野の土台としては、私たちの生活に確かに影響を及ぼしています）。たとえば、質量一グラムのピンポン球の位置を一センチメートル以内の範囲で特定すると、その速度は通常必要なレベルをはるかに超えてきわめて正確に示すことができます。しかし、電子の位置をだいたい一つの原子の大きさの範囲で特定すると、その運動の速度は秒速プラスマイナス千キロメートル以下の誤差で知ることはできません。これではとても正確とは言えません。

不確定性原理によって定められる限界は、粒子の位置や速度を測定しようとする方法やその粒子の種類に依存するものではありません。ハイゼンベルクの不確定性原理は物質世界の根源的で逃れられない特徴を表しており、私たちが物質世界を認識する方法に対して深遠な意味を持っているのです。七十年以上たった今でも、いまだその意味は多くの哲学者には完全には理解されておらず、論争の対象であり続けています。この世界は完全に決定論的であるとする世界観、ラプラスの科学理論への夢は、不確定性原理により終焉《しゅうえん》を迎えました。現在の物質世界の状態、つまり宇宙の状態を正確に測定できないのならば、未来の出来事を予測することなど、当然できません。

しかし私たちとは違い、世界を乱すことなく現在の状態を観測することができる超自然的な存在ならば、未来の事象を完全に決定できる法則の体系が存在するのではないかと考えることもできます。ただ、このような宇宙モデルは私たち普通の人間にとってはあまり興味深いものではありません。ここではオッカムの剃刀《かみそり》として知られる経済性の原理を採用して、理論が持つ観測されないような性質はすべて切り捨てるべきでしょう。このやり方で、ハイゼンベルク、アーウィン・シュレディンガー、ポール・ディラックは一九二〇年代に、ニュートン力学を再編して不確定性原理に基づく量子力学と呼ばれる新しい理論を作り上げました。この理論では粒子にはもはや、互いに無関係に明確に定義された位置と速度はありません。代わりに、粒子は量子状態を持ちます。これは位置と速度の組み合わさったもので、不確定性原理の限界の中でのみ定義されています。

量子力学の革命的な特徴の一つは、観測から唯一絶対の結果を予測しないという点です。代わりに、可能と考えられる多くの結果を予測し、それぞれの結果になる確率を私たちに教えてくれます。つまり、同じ系で何度も繰り返し同じ測定をすると、測定の結果がAとなる場合が何回、結果がBとなる場合が何回、というように確率が得られます。結果がAあるいはBとなるおよその回数を予測することはできますが、一回一回の個々の測定に関してはAとBのどちらになるか、特定の結果を予測することはできません。

たとえば、ダーツをダーツ盤に向かって投げることを想像してみてください。量子理論ではなく古典的な理論では、ダーツは的《まと》の中心に当たるか、もしくは失敗するかのどちらかです。そして、ダーツを投げたときの速度、重力の作用などの要素がわかれば、ダーツが的に当たるかどうかを計算できます。しかし量子論ではこれは誤りであり、当たるかどうかをはっきりと言うことはできません。その代わりに、量子論ではダーツはある特定の確率で的の中心に当たり、ある特定の確率で的をはずれてボードの他の場所に当たる、としか言えないのです。

ダーツほど大きな物体では、古典的な理論（この場合にはニュートンの法則）でダーツが的の中心に当たると予測したら、実際そうであると考えて問題ありません。少なくとも、実際にダーツが的の中心をはずれる確率は（量子論によれば）あまりにも小さいため、宇宙の終わりまでずっと同じようにダーツを投げ続けたとしても、的をはずれるのを目にすることはまずないでしょう。しかし、原子サイズのスケールでは違います。単一の原子からなるダーツなら、的の中心に当たる確率が九〇％、的の他の部分に当たる確率が五％、そして完全に的からはずれる確率が五％となるかもしれません。前もってどうなるかを言うことはできないのです。ただ言えることは、この試みを何度も繰り返せば、百回のうち平均九十回、ダーツが的の中心に当たると予測できるということだけなのです。

このように量子力学は、予測不可能であること、あるいはランダムさという、回避不能な要素を科学にもたらします。アインシュタインは自身がこの考えの進歩に大きく貢献したにもかかわらず、この考えに対して強く異議を唱えました。事実、アインシュタインがノーベル物理学賞を受賞したのは彼の量子論への貢献に対して与えられたのです。それでも彼は宇宙が偶然性によって支配されていることを決して受け入れませんでした。彼の気持ちは「神はサイコロをふらない」という有名な言葉によく表されています。

前述したように科学理論の評価は、実験の結果を予測する能力によって決まります。量子論は私たちの予測能力を制限しています。これはつまり、量子論は科学を制限してしまうということなのでしょうか？　科学を進歩させ深い理解を得るためには、自然に語らせるのがよいでしょう。この場合には、自然は私たちに予測という言葉の意味を再定義することを要求しています。つまり、実験の結果を正確に予測することはできないかもしれませんが、何度も実験をして、いろいろな結果が量子論による計算通りの確率で出現するのを確認することはできます。したがって、不確定性原理があるにせよ、世界が物理法則によって支配されているという信念を捨てる必要はないのです。実際、量子力学が示す確率は実験結果と完全に一致していたため、結局は多くの科学者が喜んで量子力学を受け入れました。

ハイゼンベルクの不確定性原理の最も重要な示唆の一つは、粒子がある面では波のように振る舞うということです。私たちが見てきたように、粒子には確定的な位置はなく、ある確率分布で「ぼやかされて」います。同様に、光は波からできていますが、プランクの量子仮説では、光はある意味では粒子からなっているかのように振る舞います。つまり、光はかたまりとして、言い換えれば量子としてのみ、放射されたり吸収されたりすることができるのです。事実、量子力学という理論は、もはや粒子あるいは波といった観点から現実世界を描写することをしないまったく新しいタイプの数学に基づいています。ある場合には粒子を波として考え、また他の場合には波を粒子として考えることが問題を解くのに役立ちますが、しかしこれらの考え方はあくまで便宜上のものです。物理学者が、量子力学では波と粒子の間に二元性があると言うのは、こういう意味です。

量子力学において波のような振る舞いが

ぼやかされた量子論的位置

量子論によれば、物体の位置と速度を特定する精度には限界があります。そうなると、未来の出来事を正確に予測することもできません。

もたらす重要な影響は、二粒子間で干渉と呼ばれる現象が観測されることです。通常、干渉は波における現象と考えられています。すなわち、波が衝突して、片方の波の波頭がもう片方の波の谷と重なることを指します（こうした状態を、波の「位相が反対である」と言います）。二つの波が重なると、位相が反対になっているときには、強い波となるのではなく、お互いに打ち消しあってしまいます。光の干渉についての見慣れた例としては、シャボン玉でしばしば見られる色があります。これらの色は、シャボン玉を形成している薄い水の膜の両側から反射した光によって引き起こされます。白い光はすべての異なる波長の光、すべての色の光が重なりあったものです。ある波長において、シャボン玉の膜の片方から反射した波の山が、もう片方から反射した谷と重なります。これらの波長に対応した色が反射した光からはなくなっているので、そのためにシャボン玉の膜に色がついているように見えるのです。

しかし量子論によると、量子力学による二元性のため、干渉は粒子でも起きます。この有名な例は、いわゆる二重スリット実験です。間隔が狭い二つのスリットが平行に並んで入っている仕切り板（薄い壁）を思い描いてみてください。これらスリットへ粒子を送り込むとき何が起こるかを考える前に、光をそれらに当てるとどうなるかを調べてみましょう。まず、仕切り板の片側に、特定の色の光源（つまり特定の波長の光源）を置くとします。光の大部分は仕切り板にぶつかりますが、一部はそのスリットの間を通り抜けます。では今度は仕切り板の光源のある側と反対側にスクリーンを置いたらどうなるか、考えてみましょう。そのスクリーン上の任意の点では、スリットの両側からの光がやってくるはずです。しかし、光が光源からスリットの片方を経てその点まで進む距離と、もう片方のスリットを経て進む距離とは一般には異なっています。光の進んだ距離が互いに異なるため、二つのスリットから波がその点まで進んだときの位相は互いに一致していません。ある場所では、片方の波の谷

位相が合っている場合と反対の場合

2つの波の山と谷が一致していると、波はより強くなります。片方の波の山がもう片方の波の谷と一致していると、波は互いに打ち消しあいます。

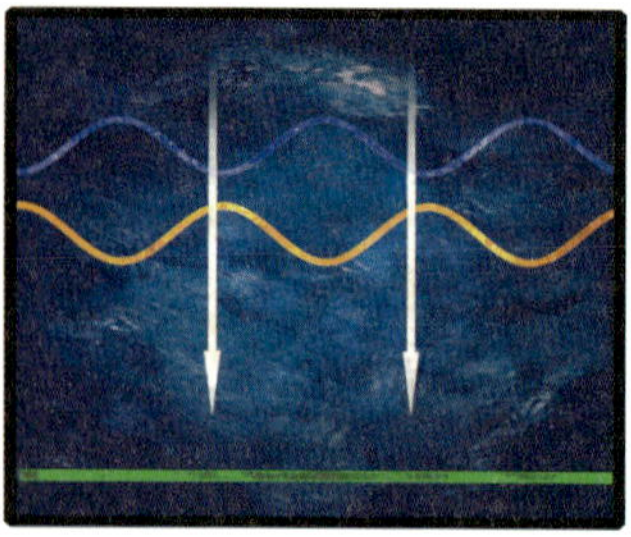

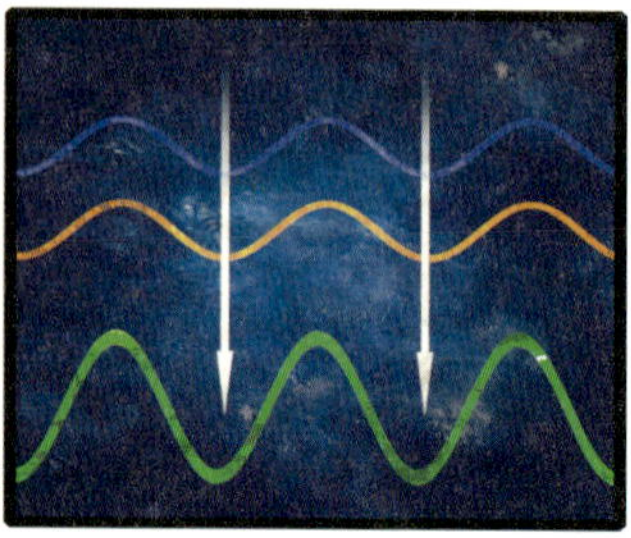

がもう片方の波の山と重なり互いに打ち消しあいます。一方、他の場所では、山と山、谷と谷とが重なり合い、波は互いに増強しあうことでしょう。そしてほとんどの場所では、状況はその間ぐらいになるでしょう。その結果、光と影からなる特有の縞模様のパターンができます。

注目すべき点は、もし光源の光を電子などのある決まった速度を持つ粒子に置き換えても、まったく同様の干渉パターンが得られることです（量子論によれば、電子が決まった速度を持っているとすると、これに対応する波は決まった波長を持っていることになります）。たとえばスリットが一つだけの仕切り板があり、そこをめがけて電子を飛ばすことを考えてみましょう。電子の大部分はその仕切り板によってさえぎられてしまいますが、一部はスリットを通り抜け、反対側にあるスクリーンに到達することでしょう。そのため仕切り板に二つめのスリットを作れば、スクリーンそれぞれの各点にぶつかる電子の数が単純に増加すると考えるのが論理的だと思えるかもしれません。しかし実際に二つめのスリットを作ると、スクリーンにぶつかる電子の数はある点では増加する一方で、またある点では減少します。これはあたかも電子が粒子として振る舞うよりもむしろ波のように干渉を起こしているかのようです。

では、次にスリットに電子を一度に一個ずつ送り込むことを想像してみてください。それでも干渉するでしょうか？　それぞれの電子がスリットのどちらかを通過し、干渉は起こさないと考える人もいるかもしれません。しかし実際には、電子を一個ずつ時間をおいて発射した場合にも、干渉パターンは現れます。つまり、一個の電子は同時に両方のスリットを通過して、それらが干渉しあっているのです！

粒子間の干渉現象は、私たちの体や周囲のすべての物を構成する物質の基礎単位である、原子の構造

経路の距離と干渉

二重スリット実験では、波が2つのスリットから出てスクリーンに当たるまでに進まなければならない距離は、スクリーンのどの高さに当たるかによって違います。したがって、高さによって波が強めあうところと打ち消しあうところができ、干渉パターンが生じます。

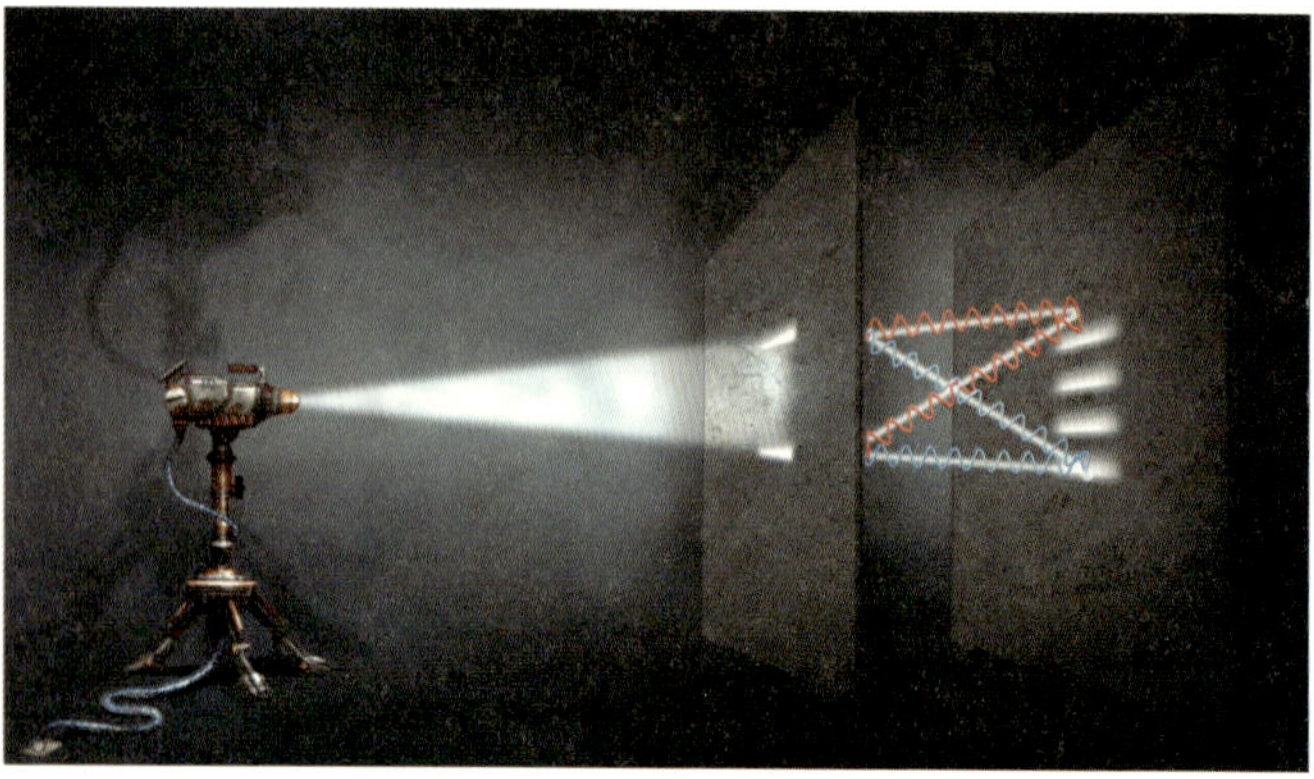

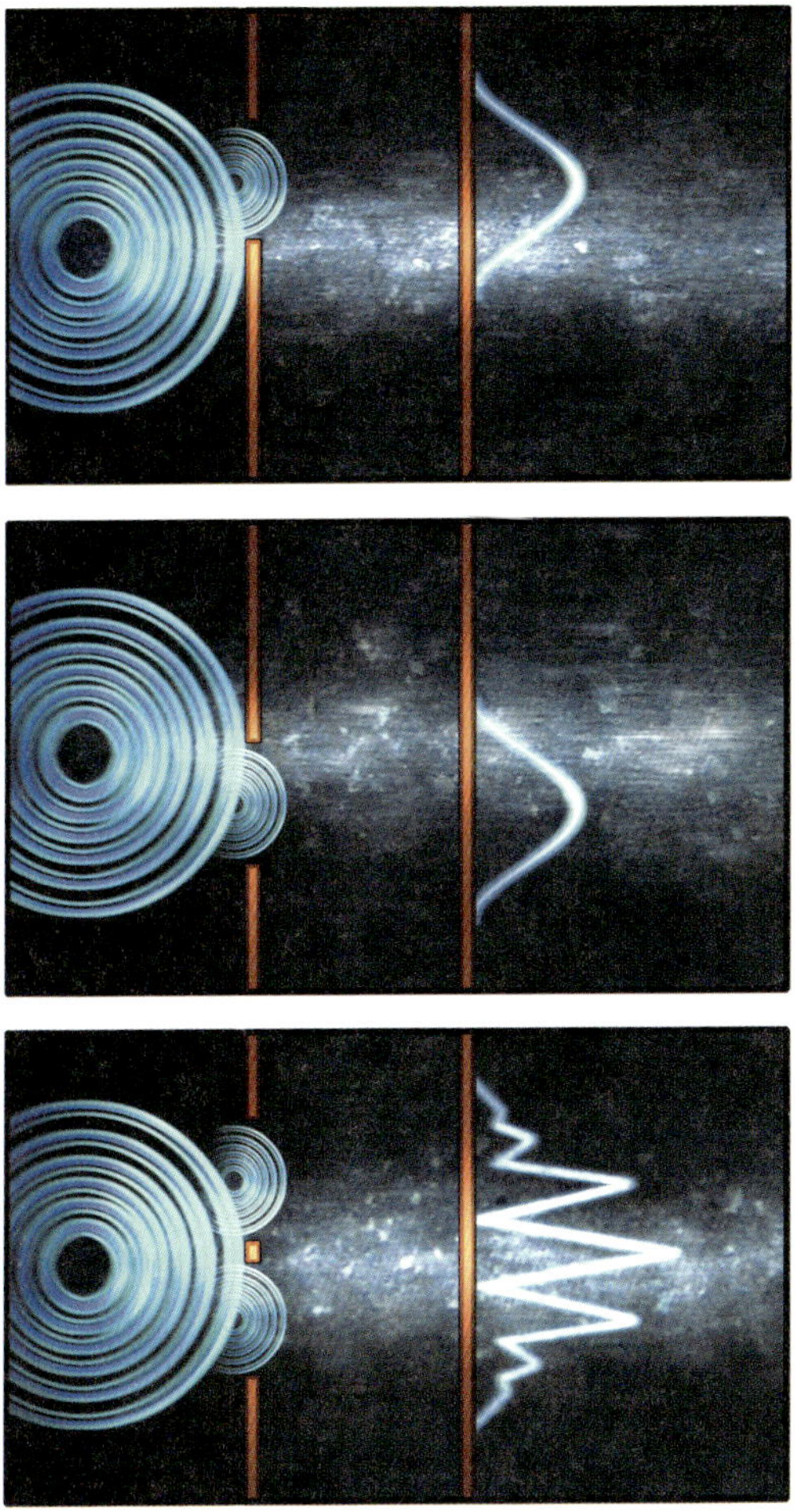

電子の干渉

電子を２つのスリットに同時に飛ばしたときと、スリット１つずつに飛ばしたときとでは、違う結果が得られます。干渉が起きているのです。

を理解するにはきわめて重大なことです。二十世紀の初頭には、原子は太陽のまわりを回る惑星のようなもので、中心にある原子核（正の電荷を持つ）のまわりを電子（負の電荷を持つ粒子）が回っていると考えられていました。惑星が太陽との間に働く重力によって軌道上を運動するように、電子は正と負の電荷の引力によって軌道上を運動するとされていたのです。しかしこのモデルには深刻な問題がありました。量子力学以前の古典的力学と電磁気学によるなら、電子はこのように軌道運動すれば電磁波を放射するはずです。この放射によって電子はエネルギーを消失し、らせん状に内側へ向かって落下し、最後に原子核と衝突してしまいます。つまり原子は急激に崩壊し非常に高密度の状態になってしまうことになりますが、すべての物質は原子からなるのですから、物質もみなつぶれてしまうことになります。現実にはもちろんそんなことは起きていません。

デンマーク人科学者ニールス・ボーアが一九一三年、この問題に関して一つの便宜的な解決方法を見つけました。彼は、電子は中心の原子核からどんな距離でも軌道を描けるわけではなく、ある特定の距離の軌道上しか運動できないのではないかと考えました。もしこれら特定の距離上を一つか二つの電子しか運動できないとすれば、先ほど述べた崩壊に関する問題を解決することができます。なぜなら、いったん限られた数の内側の軌道が電子で満たされてしまえば、外の軌道にある電子は内側に席がないためらせんを描いて内側へ落ちることはできないからです。このモデルは一つの電子が原子核のまわりで軌道を描いている最も単純な構造の水素原子にはかなりうまく当てはまりました。しかしこれをもっと複雑な原子にどのように当てはめればいいかは、不明確でした。その上、軌道の数が限られているという考えは、いわばばんそうこうのようなもので、その場しのぎです。つまりこれは数学上うまくいくようにしたトリックであり、誰もどうして自然がそのように振る舞うのか知りませんでしたし、またこれを説明する法則があるとして

原子の軌道をまわる波
ニールス・ボーアは、原子は原子核のまわりを永遠に回り続ける電子の波からなっていると考えました。彼の考えでは、電子の波長の整数倍の円周を持つ軌道だけが、干渉による崩壊を逃れられます。

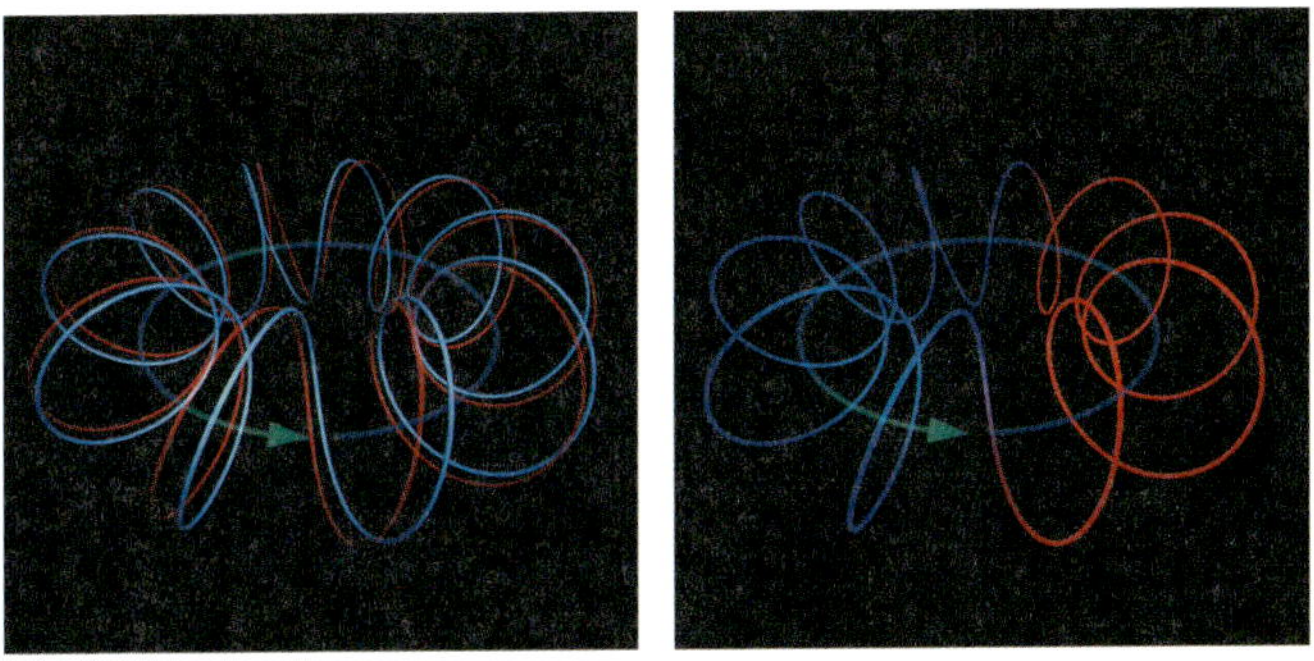

も、それがどんなものなのかはわかりませんでした。

新たな理論である量子力学はこの困難な問題を解くことを可能にしました。原子核のまわりを回る電子を波として考え、この波長はその速度に依存すると考えられることを明らかにしたのです。ボーアが提唱したように、原子核の周囲を特定の距離の軌道で回っている波を想像してみましょう。ある軌道では、その軌道の円周の長さは電子の波長の（分数倍でなく）整数倍となっています。これらの軌道では、山の位置は一回周回するたびに同じ位置になるため、波はお互いに強めあいます。この軌道こそボーアが許容されるとした軌道に対応するのです。しかし、円周の長さが波長の整数倍でない軌道では、電子が周回するとそれぞれの山が谷の部分と最終的には打ち消しあいます。つまりこれらの軌道では電子の周回が許容されていないのです。これで、許容される軌道、禁止された軌道についてのボーアの法則がうまく説明できます。

アメリカ人科学者リチャード・ファインマンは、波と粒子の二元性をわかりやすく描くすばらしい方法、経歴総和法（経路積分法）と呼ばれる方法を考え出しました。量子力学以前の古典力学では粒子は確定的に単一の経路をきちんと運動しますが、このファインマンの方法では、粒子は時空において単一の歴史や経路を持つものではないとされます。代わりにA地点からB地点へはいくつもの経路が考えられます。A地点とB地点の間にあるそれぞれの経路にファインマンは二つの数値を関連づけました。一つは波の大きさ、つまり振幅です。そしてもう一つは位相、つまり周回するときの位置（波の山か谷かその間のどこか）です。粒子がAからBへ向かう確率は、AとBを結んでいるすべての経路の波を足し合わせることで明らかとなります。一般的には、隣りあういくつかの経路を比較すると、位相は大きく異なっています。つまりこれらの経路での波は互いにほとんど打ち消しあっているということです。しかし

電子が取りうる多くの経路
リチャード・ファインマンによる量子論の定式に従うと、このように光源からスクリーンへ移動する粒子はどんな経路でも取りうることになります。

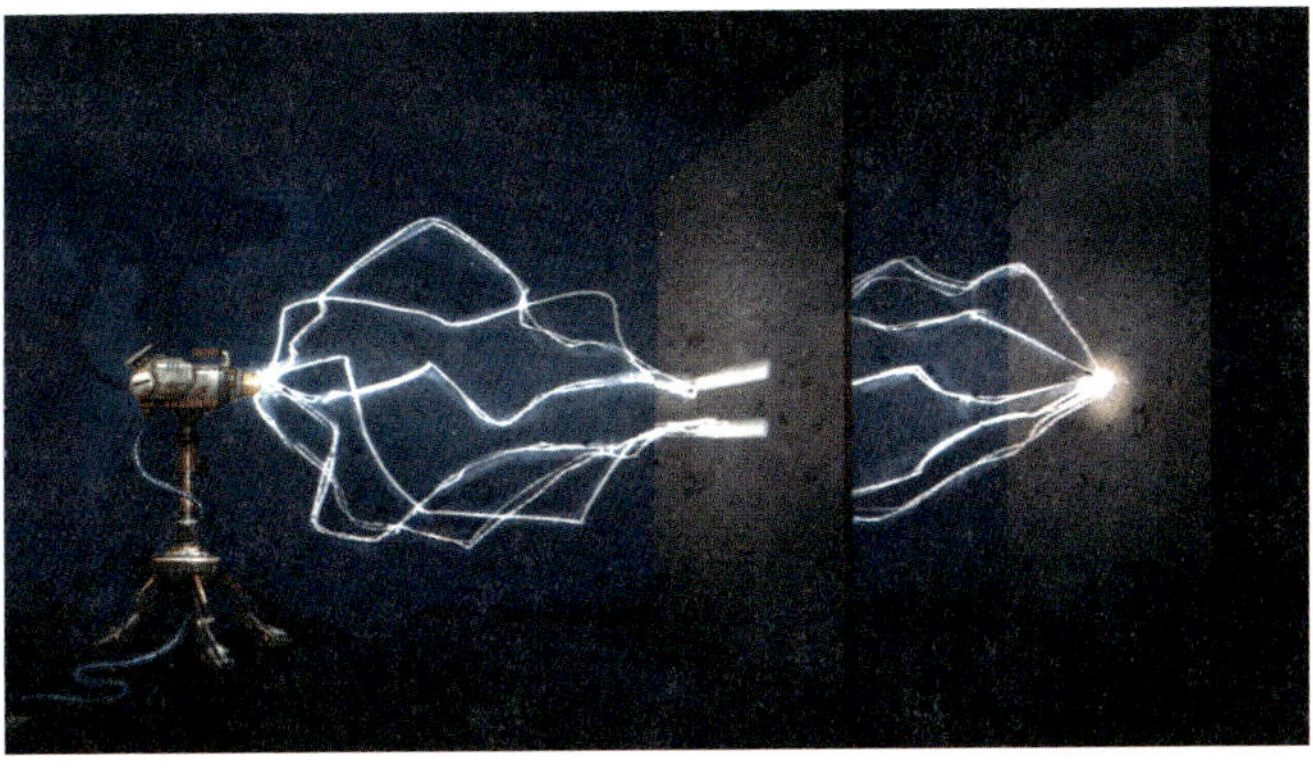

ながら、隣りあう経路の中には、位相があまり大きく違わないものもあります。これらの経路では波は打ち消しあっていません。この経路はボーアの許容された軌道に対応します。

具体的な数学的形式をとるこのアイデアにより、より複雑な原子の許容軌道も比較的容易に計算することができます。さらには、複数の原子核を周回する電子によっていくつかの原子が凝集してできている分子についても、同様に容易に計算できます。分子の構造と分子どうしの反応は化学と生物学の基礎です。したがって、量子力学により私たちは原則として私たちの身のまわりで目にするほとんどすべての現象を、不確定性原理よる限界はあるものの、計算し予測することができます（しかし実際には、一つの電子しかない最も単純な水素原子以外の原子では、その方程式は解析的には解けないので、より複雑な原子や分子について解析するためには近似とコンピューターを用います）。

量子論はきわめてすばらしく成功した理論であり、現代ではほとんどすべての科学や技術の土台となっています。テレビやコンピューターといった電子装置には欠くことのできないトランジスタや集積回路は、量子論に従って動くのです。また、量子論は近代化学や生物学の土台でもあります。唯一、量子力学がいまだにうまく統合されていない物理科学の領域が、重力と宇宙の大構造の分野です。前に述べたとおり、アインシュタインの一般相対性理論は量子力学の不確定性原理を考慮していないのです。しかし他の理論との一貫性をはかるためには、当然これを考慮しなければなりません。

前章で述べたように、そのためには一般相対性理論は変更を加えられなければなりません。密度が無限になる点、つまり特異点を予測することで、古典的（つまり非量子論的）な一般相対性理論は、理論自体に限界があることを自ら示しました。これは古典的力学が、黒体が無限のエネルギーを放射することや、原子が無限の密度へと崩壊することを予測したことで、理論自体の失脚を示唆したのと同じです。古典的力学のときと同様に、私たちは古典的な一般相対性理論を量子論へ移行させることによって、つまり重力に関する量子論を作り上げることによって、そのままでは物理的に受け入れがたい特異点を排除したいのです。

もし一般相対性理論が正しくないなら、なぜこれまでの実験すべてが、この理論を支持しているのでしょうか？　私たちが観測との食い違いをいまだにまったく見つけていない理由は、私たちが通常実験を行う重力場がすべて非常に弱いからです。しかし先ほど見たように、初期宇宙では宇宙にあるすべての物質とエネルギーはきわめて小さな空間に詰め込まれています。このとき、重力場は非常に強くなるはずです。このような強力な重力場では量子論の影響が重要となってきます。

重力に関する量子論を私たちはいまだに得ていませんが、しかしその理論が持っているはずの多くの特徴は確かにわかっています。その一つは、量子重力理論では量子論をファインマンの経歴総和法で定式化するべきだという点です。究極の理論に含まれるであろう二つめの特徴は、アインシュタインが示したように重力場は曲がった時空によって表されるということです。粒子は曲がった時空内を直線に最も近い経路に沿って動こうとしますが、時空は平坦ではないため、その経路はあたかも重力場の影響を受けているかのように曲がって見えるのです。ファインマンの経歴総和法をアインシュタインの重力場に適用すると、粒子の歴史が、宇宙全体の歴史を表す曲がった全時空に対応します。

古典的な重力理論では、宇宙の時間的発展については二つの可能性しかありません。宇宙が無限に存在し続けるか、あるいは過去のある時点で特異点という始まりがあったかのどちらかです。以前に議論した理由から、私たちは宇宙は永遠に存在するとは考えていません。しかしもし始まりがあるのなら、古典的な一般相対性理論によれば、アインシュタイン方程式のどの解が現実の宇宙をうまく記述しているかを知るためにはその初期条件、つまりどのように宇宙が始まったかを正確に知らなければなりません。神は自ら思うままに自然法則を定めたのかもしれませんが、そのあとは、宇宙がその法則のとおりに進化するままにまかせ、それに介入しなかったようです。それでは、神は宇宙が進化を始める初期条件をどのように選んだのでしょうか？　時間の始まりにおける境界条件は何だったのでしょう？　古典的な一般相対性理論では、これは重要な問題となります。なぜなら、古典的一般相対性理論は宇宙の初期では破綻してしまうからです。

一方、量子重力論では、もし本当ならこの問題を救済するはずの新たな可能性が考えられます。量子論においては、時空が有限であり、同時にその境界が特異点ではないということが可能なのです。時空は地球の表面のようなものであり、ただそれにさらに二次元追加しただけのもの、四次元というだけです。前にも示したように、地球上である方向に向かって進み続けたとしても、越すことのできない障害に出くわしたり端《はし》から落ちてしまうことは決してありません。特異点に吸い込まれることなく、最終的にスタートした地点に戻ってくるだけです。したがってこれが正しいなら、量子重力理論は、科学法則が破綻する特異点が存在しないという、新たな可能性をもたらすのです。

もし時空に境界がなければ、境界の性質を定めることも必要ありませんし、宇宙の初期条件について知る必要もありません。神様か、何か新しい法則によって時空の境界条件を決めてもらわなければならないような、時空の端はないのです。つまり、「宇宙の境界条件は、宇宙に境界がないことである」と言えます。宇宙は完全に自己完結的であり、外部から影響を受けるものではないのです。宇宙は創造されたものでもなければ、破壊されるものでもないのです。ただ「存在」しているものなのです。宇宙に始まりがあったと信じるかぎり、創造主の役割は明らかです。しかし宇宙が本当に完全に自己完結的であり、境界も端もなく、始まりも終わりもないのなら、創造主の役割は何なのかという問いかけへの答えは、あまり明白ではありません。

10

Wormholes and Time Travel

ワームホールとタイムトラベル

第10章 ワームホールとタイムトラベル

Wormholes and Time Travel

これまでの章で私たちは、時間の本質についての考え方が時代とともにどのように変化してきたかを見てきました。二十世紀初頭までは、人々は絶対時間を信じていました。つまり、すべての事象は唯一「時間」と呼ばれる数値のラベルを貼る方法により区別でき、すべての時計がきちんと機能しているかぎりは二つの事象の時間間隔を計測すると一致するのです。しかし、光の速度はどんな観測者にとっても（たとえどのように観測者が動いていたとしても）同じであるということが発見され、相対性理論が創られました。そして唯一の絶対時間が存在するという考えは捨てられました。つまり事象の時間の決め方は唯一ではないのです。絶対時間の代わりに、それぞれの観測者には自分の持つ時計による独自の時間基準があり、他の観測者が持つ時計とは必ずしも一致しません。したがって、時間はより個人的な概念となり、それを測定する観測者によって相対的なものとなったのです。それでも、時間はあたかもまっすぐな線路のようであり、その両端のどちらかにだけ進むことができるものとして扱われてきました。

しかし、もし線路が輪になっていたり分岐したりしていて、電車が前に進み続けたとしてもすでに通過した駅に戻ってしまうとしたらどうでしょうか？　言い換えると、未来や過去へ旅行することは可能なのでしょうか？　H・G・ウェルズは多くのSF小説家と同様に、『タイムマシン』でこの可能性を探りました。SF小説で最初に考えられた潜水艦

タイムマシン
タイムマシンに乗ったホーキングとムロディナウ。

や月旅行のようなことが、今では数多く実際に科学的事実となっています。それではタイムトラベルの見通しはどうなのでしょう？

未来への旅行は可能です。つまり、相対性理論は時間を未来にジャンプするタイムマシンを作るのが可能であることを示しているのです。タイムマシンに乗り込み、しばらく待って降りると、自分自身にとって経過した時間以上に地球上では時間が経過していることに気づくでしょう。私たちは現在はこれを実現するテクノロジーを持ち合わせていませんが、しかしそれは単に工学的な問題です。実現可能であることはわかっているのです。

このようなマシンを組み立てる方法の一つとしては、双子のパラドックスについて第6章で述べた状況を利用することです。つまり、宇宙船がタイムマシンそのものになるのですが、これに乗り、噴射して光速近くまで加速し、しばらくそれを維持し（この時間はどれくらいの未来へ行きたいかによります）、それから戻ってくるのです。相対性理論では時間と空間は不可分のものなので、時間を進むタイムマシンが同時に空間を進む宇宙船であっても驚くべきことではないでしょう。どんな場合でも、タイムトラベルの過程の間じゅう、あなたがいる「場所」はタイムマシンの中だけです。そしてあなたがタイムマシンから降りると、あなたにとって経過した時間以上の時間が地球では経過していることに気づくことでしょう。つまりあなたは未来へ行ったことになります。けれども戻ることはできるのでしょうか？　時間をさかのぼるのに必要な条件を作り出すことはできるのでしょうか？

一九四九年、クルト・ゲーデルは、物理法則が本当に人が時間をさかのぼることを許している可能性を初めて示しました。彼は、アインシュタイン方程式の新たな解、つまり一般相対性理論から導かれる新たな奇妙な時空の存在を発見したのです。アインシュタイン方程式を満たす宇宙の数学的モデルはたくさんありますが、だからといってそれらがみな私たちの住む宇宙に対応しているというわけではありません。たくさんあるモデルは、たとえば、初期条件あるいは境界条件が違うものです。それら数学モデルが私たちの宇宙にうまく対応しているかどうかを判断するためには、それぞれのモデルの物理学的な予測を調べなければなりません。

ゲーデルは、いわゆる不完全性定理、つまりたとえ算術のような明らかで型にはまった課題での命題に限ったとしても、すべての真なる命題を証明するのは不可能であると証明したことで有名な数学者です。不確定性原理のように、ゲーテルの不完全性定理は宇宙を理解し予測しようとする私たちの能力を根本的に制限するものかもしれません。ゲーデルはアインシュタインとともにプリンストン高等研究所で晩年を過ごしていた頃に、一般相対性理論を知りました。ゲーデルの時空は、宇宙全体が回転しているという奇妙な特徴を持ったものです。

宇宙全体が回転しているとはどういう意味なのでしょうか？　回転するということは、ぐるぐると回ることです。ということは、静止した基準点は存在しないということなのでしょうか？　そうなるとこのような疑問が出るかもしれません。「何を基準に回転しているのか？」答えは少し専門的なものになってしまいますが、基本的には宇宙の遠方の物質は、回転しているこま、つまりジャイロスコープの指す方向を基準に回転していると言えます。ゲーデルの時空では、この回転する宇宙から派生する数学的特性によれば、地球からはるか遠方まで移動して戻ってくると、出発するより前の時間の地球に帰ってくることになってしまうのです。

一般相対性理論ではタイムトラベルは不可能だと考えていたアインシュタインは、自分の方程式が過去に戻ることを許してしまうことを示され、たいへん動揺しました。しかしゲーデルの時空は確かにアインシュタイン方程式を満たす解ではあるものの、現実の宇宙は少なくとも観測的に探知可能なレベルでは回転していないので、ゲーデルの見つけた解は私たちの住む宇宙には対応していません。同様に実際の宇宙は膨張しているのに、ゲーデルの宇宙は膨張していません。ゲーデルが過去に戻れる時空が存在可能であることを示して以来、アインシュタイン方程式を研究する科学者たちは過去へさかのぼることのできる別の時空をいくつも見つけだしてきました。しかし宇宙背景放射や水素やヘリウムなどの元素を観測すると、初期宇宙では時空はこうしたモデルでタイムトラベルが可能になるほど大きくゆがんではいなかったことがわかります。宇宙には境界がないという仮説が理論的に正しいなら、これと同じ結論が導かれます。

そうなると、次の疑問がわきます。時空は宇宙が生まれたときにはタイムトラベルができるほどゆがんでいなかったとしても、私たちが後から時空の一部をタイムトラベルができるほどにゆがめることはできるのでしょうか？

相対性理論では時間と空間は不可分なので、時間をさかのぼることができるかという問題と光より速い運動ができるかどうかという問題は、実は非常に近い問題です。タイムトラベルが超光速運動を示唆していることは容易にわかります。旅行、つまり運動の最後の段階で、時間をさかのぼりさえすれば、全体にかかる時間を意のままに短くすることができます。ということは、無限の速度で移動することができるのです。また、後で見るように、逆の言い方もできます。もし無限の速度で運動できるなら、時間をさかのぼることも可能なのです。つまりこの二つはどちらかなしには成立しえないものなのです。

超光速運動はＳＦ小説家がたいへん関心を寄せる問題です。地球から最も近い星であるケンタウルス座プロキシマ星までの距離は四光年ですが、この星に宇宙船を送り、戻ってきた乗組員から何を見たか聞くためには、最低八年もかかります。さらに私たちの銀河の中心まで遠征するとなると、戻ってくるのに最低十万年かかるでしょう。こんなに時間がかかってしまうのでは、銀河間の戦争について小説を書きたいと考えた場合に、あまりよい状況とは言えません。それでも相対性理論には、第6章で見た双子のパラドックスに関連して、唯一の救いがあります。双子のパラドックスでは、宇宙旅行は地球で待っている人にとっては長い時間に感じられますが、宇宙船に乗っている人にとってははるかに短い時間なのです。とはいえ、数年ほど年を取って宇宙旅行から戻ってきたら、地球に残した人がみな数千年前に死んでもういなくなっているというのでは、あまり楽しいものではないでしょう。そこで、話を人間にとっておもしろいものにするために、SF作家はいつか人類が光よりも速く移動する方法を見つけるだろうと仮定したのです。しかし、こうしたSF作家の大部分は、次の詩が述べるように、相対性理論では光より速く移動すれば時間をさかのぼることもできることになるのだということをあまり理解していないようです。

ワイト島に一人の若い娘がいました。
彼女は光よりも速く移動することができました。
ある日、彼女は旅立ちました。

相対性理論に従って。
そしてその前日に目的地に到着しました。

超光速運動とタイムトラベルの関係を理解する鍵は、相対性理論はすべての観測者が合意する唯一の時間という基準が存在しないと言っているだけでなく、ある状況下では観測者は事象の順番に関しても合意する必要がないと言っていることです。特にもし事象Aと事象Bが、ロケットで光より速く飛ばなければ事象Aが起きてから事象Bが起こるまでにたどり着けないほど非常に遠く離れているとすると、異なる速度で動いている観測者たちは事象Aが事象Bより先に起きたのか、事象Bが事象Aより先に起きたのかについて合意を得ることはできないでしょう。

たとえば、事象Aを二〇一二年のオリンピック大会の百メートル走決勝戦の終わった瞬間としましょう。そして事象Bを第十万四回ケンタウルス座プロキシマ星議会の始まりだとしましょう。そして地球上の観測者にとって事象Aが最初に起き、それから事象Bが、たとえば一年後の二〇一三年に起きたとしましょう。地球とプロキシマ星はほぼ四光年離れているため、これら二つの事象は今述べた順序が入れ替わる基準を満たしています。つまり、事象Aは事象Bの前に起きていますが、もしあなたが事象Aから事象Bへ行こうとしたなら、あなたは光より速く運動しなければなりません。そしてプロキシマ星に地球と反対の方向にほぼ光の速さで遠ざかっている観測者がいるとすれば、この観測者にとっては事象Aと事象Bの順序は逆に見えるでしょう。つまり事象Bが最初に起き、それから事象Aが起きるのです。もし光より速く動くことができたなら、この観測者は事象Bの起きた後に事象Aに行くことが可能だと言うでしょう。実際、もしそれよりさらに速いスピードで動けば、事象Aからレースが始まる前のプロキシマ星に戻ることもできます。どちらが勝つか当然知っているのですから、勝つほうに賭けることができます！

光の速さという壁を破ってしまうことには問題があります。相対性理論によると、光の速度に宇宙船を近づければ近づけるほど、宇宙船を加速するのに必要な力は大きくなります。私たちはこれを宇宙船ではなく、フェルミ研究所やヨーロッパ合同素粒子原子核研究機構（ＣＥＲＮ）などにある粒子加速器で、素粒子による実験的証拠を得ています。私たちは粒子を光速の九九・九九％まで加速させることはできますが、しかしいかに多くのエネルギーを用いても、光速の壁を超えることはできません。宇宙船でも同様のことが言えます。宇宙船にどんなに強い推進力があったとしても、光速を超えることはできないのです。時間をさかのぼるタイムトラベルは光速を超えて移動できる場合のみ可能なのですから、超光速の宇宙旅行も時間をさかのぼることも不可能だと考えられます。

しかしながら、まだ可能性は残されています。ひょっとしたら時空をゆがめることができ、その結果A地点とB地点の近道が作れるかもしれないのです。これを行う方法の一つは、A地点とB地点の間にワームホール（虫食い穴）を作り出すことでしょう。その名の通り、ワームホールは遠く離れたほぼ平坦な領域を結びつけることのできる時空の細い管です。これは高い山の尾根のふもとにいることと少し似ています。反対側へ行くには、通常は長い距離を登って、それから下る必要があります。しかし、もし岩を水平に貫く巨大なワームホールがあれば、もちろんその必要はありません。

私たちの太陽系付近からプロキシマ星へと続くワームホールを作り出すか、あるいは自然にあるワームホールを見つけることができたと想像してみましょう。地球とプロキシマ星の距離が通常の宇宙空間では三十兆キロメートルであっても、ワームホールの長さはほんの数百万キロメートルかもしれません。ワームホールを通して百メートル走のニュースを伝えれば、そのニュースは議会が始まる前に十分間に合うでしょう。また地球へ向かう観測者も、議会が始まったときのプロキシマ星からレースが始まる前の地球に戻ることを可能にする、もう一つのワームホールを見つけられるはずです。つまり、光より速く移動する他の方法と同様に、ワームホールもまた、過去へ行くための手段となるのです。

異なる時空領域を結ぶワームホールという考えはSF小説家の発明ではなく、しっかりとした根拠があります。一九三五年に、アインシュタインとネイサン・ローゼンが論文で、一般相対性理論はブリッジと呼ばれる、今ではワームホールとして知られるものを許容していることを示したのです。しかしアインシュタイン＝ローゼン・ブリッジは宇宙船が通過できるほど長い時間はもちません。宇宙船はワームホールがふさがると特異点へ突入してしまうでしょう。しかし、高度な文明ならばワームホールを開き続けさせることが可能かもしれないと言われています。そのためには、また何らかの方法で時空

ワームホール
ワームホールが存在すれば、宇宙空間の離れた点どうしを結ぶ近道ができることになります。

を曲げてタイムトラベルを可能にするためには、鞍《くら》のような形の負の曲率を持つ時空領域が必要です。通常の物質は正のエネルギー密度を持っているので、時空は球体の表面のような形の正の曲率を持つものになります。つまり過去へのタイムトラベルを可能にするように時空を曲げるために負のエネルギー密度を持つ物質が必要なのです。

負のエネルギー密度を持つとはどのような意味なのでしょう？　エネルギーはお金に少し似ています。もし銀行の残高が総額でプラスであれば、複数の口座にさまざまな方法で分配することができます。しかし百年前に信じられていた古典法則によると、一つの口座の残高を超えてお金を引き出すことは認められていません。つまり古典法則は負のエネルギー密度を許さず、したがって過去へさかのぼる可能性も否定することになります。しかし、これまでの章で述べたように、不確定性原理に基づく量子論が古典法則にとって代わりました。量子論はより寛容で、口座全体の合計が正ならば一つや二つの口座からお金を残高以上引き出すことを認めています。言い換えれば、量子論はある領域でのエネルギー密度が負であったとしても、それを補うだけの正のエネルギー密度が別の領域にあり、したがって全エネルギーが正でありさえすればいいのです。ということは、時空を曲げることができ、しかもタイムトラベルが可能になるように負の曲率に曲げることもできると考えていいでしょう。

ファインマンの経歴総和法によるなら、ある意味では過去へのタイムトラベルは単一の素粒子のスケールでは確実に起きることになります。ファインマンの方法では、時間を正の方向に進む通常の粒子は、時間を反対方向に進む反粒子と等価です。彼の計算方法では、ともに作り出され対消滅する粒子と反粒子を、時空において閉じたループ上を動く一つの粒子と見なすことができます。

これを理解するために、最初に伝統的な方法でその過程を描くことにしましょう。ある時点（ここでは時間Aとしましょう）で、一つの粒子と反粒子が作り出されたとしましょう。両者とも時間を正の方向に進みます。それから、その後のある時点（時間Bとしましょう）で、この二つの粒子が合体して対消滅したとします。時間Aの前、そして時間Bの後にはどちらにも粒子は存在しません。

しかしファインマンによると、これを以下のように異なった視点から見ることができます。まず時間Aで一つの粒子が作り出されます。それが時間Bまで移動し、それから時間Aまで時間をさかのぼったのです。粒子と反粒子が一緒になって時間を移動する代わりに、時間Aから時間Bへと続きそれからまたもとに戻る「ループ」の上に単一の物体のみがあるのです。物体が時間の流れる方向（時間Aから時間B）へ移動しているときは、粒子と呼ばれています。しかし、物体が時間をさかのぼる（時間Bから時間A）ときは、それは時間を正の方向に進む反粒子として見えるのです。

粒子のタイムトラベルは観察可能な効果を生み出します。たとえば、粒子／反粒子のペアのうちどちらかが（ここでは反粒子としましょう）ブラックホールに落ち、もう一方が対消滅する相手がいないまま取り残されたと考えてみましょう。置いていかれた粒子は同じくブラックホールに落ちる可能性もありますが、その付近から逃げていくこともできます。その場合、遠くから見ている観測者には粒子がブラックホールから放出されたように見えるでしょう。しかし、ブラックホールからの放出のしくみを、これとは違いながらも同じくらい直感的な方法で理解することもできます。ブラックホールに落ちた方の反粒子を、時間をさかのぼってブラックホール内部から出ていく粒子とみなすことができるのです。粒子と反粒子が同時に現れるところまで来ると、この二つはブラックホールの重力場によって時間の進みどおりにブラックホール内部から出ていく粒子として放出されます。あるいは、ブラックホールに落ちたのが粒子の方だったとすると、これを時間をさかのぼってブラックホール内部から出ていく反粒子とみなせます。つまり、ブラックホールからの放出を考えると、量子論ではミクロなレベルではタイムトラベルを許容するのだということがわかります。

そうすると、当然次のような疑問がわいてくることでしょう。量子論に従うと、科学技

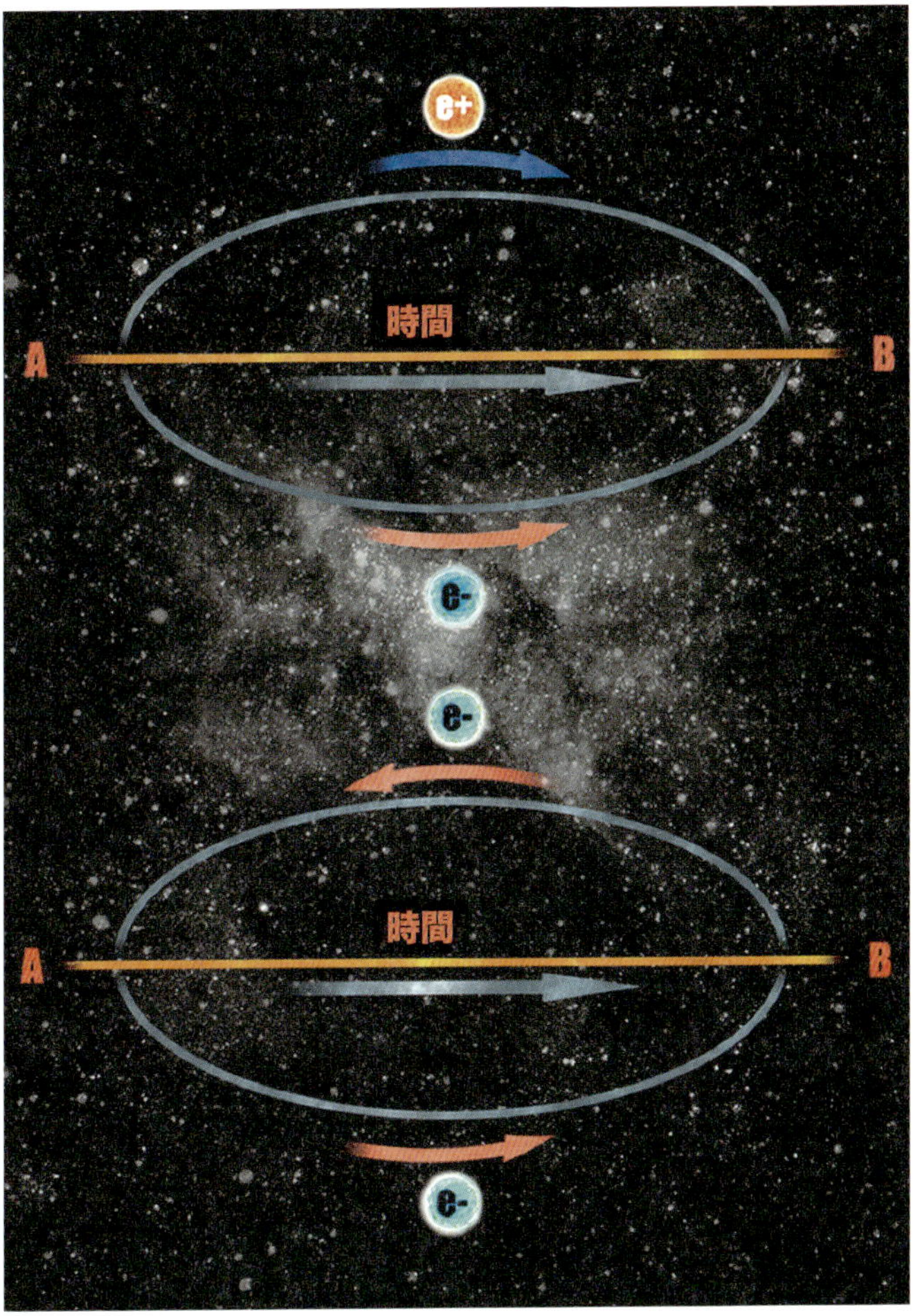

ファインマンが考える反粒子
反粒子は、時間を反対方向に進む粒子として考えられます。したがって、粒子と反粒子のペアは、時空において閉じたループ上を動く１つの粒子とみなすことができます。

術が進歩さえすれば私たちは最終的にタイムマシンを作ることができるのでしょうか？　一見すると、それは可能なように感じられます。ファインマンの経歴総和法はあらゆる物質すべての歴史に当てはまることになっています。したがって、時空が過去へさかのぼれるほど曲がっているという歴史も含んでいるはずでしょう。しかし、たとえ現在知られている物理法則がタイムトラベルを否定はしないとしても、その可能性を疑う理由はいくらでもあります。

たとえば、ほんとうに過去へ行くことができるなら、どうして未来から戻ってきて私たちにその方法を教えてくれる人がいないのでしょうか。タイムトラベルに関する秘密を現在のまだ原始的な発展段階の私たちに教えるのは賢明ではないとする、もっともな理由があるのかもしれません。しかし人間自体が根本的に変化しないかぎり、未来からの来訪者がうっかり秘密を話してしまうことがないと信じるのは難しいでしょう。もちろん、一部の人はＵＦＯの目撃例は異星人あるいは未来からの来訪者の訪問を受けている証拠だと主張する人もいます（他の星との距離があまりにも遠いことを考えると、異星人が妥当な時間内に私たちのところまでたどり着くには光速を超える速度での移動が必要となるので、この意味で異星人か未来からの来訪者かという可能性は同等とも言えるでしょう）。

未来からの来訪者がいないことを説明するもっともらしい理由は、過去は固定されているということでしょう。実際、私たちは宇宙の過去を観測し、未来から戻るのに必要とされるような時空の曲がりがないことを確認しています。他方で、未来は未知であり開かれているので、必要とされる時空の曲がりはあるのかもしれません。これはつまりタイムトラベルは未来に限定されていることを意味します。ということは、「スタートレック」のエンタープライズ号とカーク船長が現在に現れる可能性はまずないでしょう。

これでなぜ現在が未来からの観光者によってあふれていないかを説明することはできますが、しかしもう一つのタイプの問題を避けることはできません。つまり、もし誰かが過去へ戻って歴史を変えてしまった場合に起こる問題です。そのとき、私たちは歴史について悩むことになります。たとえば、誰かが過去に戻ってナチスに原子爆弾の秘密を渡した場合を考えてみてください。もしくは、過去に戻って自分のひいひいおじいさんが生まれる前に殺したらどうなるでしょう。こうしたパラドックスには多くのバージョンがありますが、本質的には同じものです。もし過去を自由に変えられるなら、そこには矛盾が生じます。

タイムトラベルによって引き起こされるパラドックスを解決する仮説は二つあります。一つめは「無矛盾歴史仮説」と呼ぶことができるかもしれません。過去へさかのぼることができるほど時空が曲がっていたとしても、時空の中で起こるすべての出来事は物理法則の矛盾のない解なのだと考えることです。言い換えると、この視点に立つと、過去に行ってもひいひいおじいさんを殺したり、現在のあなたがどのようにして今ここいるのかという歴史と矛盾するようないかなる行動も取ることはできないということです。過去に実際戻ったとしても、すでに決まっている歴史を変えることはできません。あなたは単に、その決まった歴史に従うことしかできないのです。この視点では、過去も未来もあらかじめ定まっています。つまり自分の望むままに物事を行う自由意思は存在しません。

もちろん、自由意思などいずれにせよ幻想だと言うこともできるかもしれません。もしすべてを支配する完全な物理法則が本当に存在するのなら、それはおそらくあなたの行動も決定するでしょう。しかし、それでは人間のように複雑な生命体に関して計算することは不可能ですし、さらに計算しようとしても量子力学の効果により予想もできないランダムさが伴ってしまいます。したがって、私たちは人が何をするかを予測できないのだから、人は自由な意思を持っているのだと言うこともできるでしょう。しかし、もしある人がロケットで出発し自分が出発する前の時刻に戻ってきたとするなら、それは記録されている歴史の一部なのですから、私たちはその人が何をするかを予測できることになります。つまり、この状況ではタイムトラベラーはどんな意味でも自由意思は持っていないのです。

タイムトラベルのパラドックスを解決する可能性のあるもう一つの説は、「代替歴史仮説」と呼ばれているものです。この考えは、タイムトラベラーが過去へ戻ったときに、彼らは記録された歴史とは異なる別の歴史に入り込んだとみなすものです。そのため、彼らは自分たちの以前の歴史と矛盾しないといった規制を受けることもなく、自由に行動することができるのです。スティーヴン・スピルバーグはこの概念をネタにして映画「バック・トゥ・ザ・フューチャー」を作りました。マーティ・マクフライは過去に戻って両親の恋愛の様子をもっと満足のいくものへと変えたのです。

代替歴史仮説は、一見、第9章で説明したリチャード・ファインマンが量子論を表現するのに使った経歴総和法に似ているように思われます。この説では、宇宙には一つの歴史しかないということはなく、むしろ多くの可能性があり、それぞれに独自の確率があるとされます。しかしながら、ファインマンの提案と代替歴史仮説の間には重要な違いがあります。ファインマンの総和法では、すべての歴史が全時空とその中のあらゆる物質を含んでいます。時空はロケットで過去へ戻る可能性が生じるほど曲がっているかもしれません。しかし、そのロケットは同じ時空に存在し、したがって同じ歴史内に存在するので、そこには矛盾がありません。つまり、ファインマンの経歴総和法は、代替歴史仮説の考え方よりも無矛盾歴史仮説の方を支持していると言えるでしょう。

こうした問題は、時間順序保護仮説と言うべき仮説を採用すれば避けられるでしょう。この仮説では、物理法則は巨視的な物体が過去へ情報を持っていくことを妨害するように働くのだと考えるのです。この仮説はいまだ証明されていませんが、しかしそれが事実であると信じるだけの理由はあります。その理由とは、量子論に基づく計算によると、時空が過去へのタイムトラベルが可能になるほど曲げられれば、閉じたループ上をぐるぐる回っている粒子と反粒子のペアは時空に正の曲率を持たせられるほどのエネルギー密度になるので、タイムトラベルが可能になる曲がりとは反対になってしまうということです。

時間順序保護仮説が正しいのかどうかはまだわかっていませんので、タイムトラベルの可能性はまだ残っています。しかしそれに賭けてはいけません。なぜなら、本当にタイムマシンができるなら、あなたの賭けの相手はひょっとしたらそれをすでに使って、不公平にも未来を知っているかもしれないのですから。

11

*The Forces of Nature
and the Unification of Physics*

自然界の力と統一理論

第3章で説明したように、宇宙のすべてをいっぺんに説明する完全な統一理論を作り出すのは非常に困難なことです。その代わり、私たちは限られた範囲の出来事のみを説明することのできる部分的な理論を見つけたり、あるいは他の影響を無視したり近似値で置き換えたりすることで、進歩をとげてきました。現在私たちが知っている科学法則は、電子の電荷や陽子と電子の質量比といった多くの数値を含んでいますが、これらは現在のところ少なくとも理論から予測することはできません。その代わりに、私たちは観測によりそれらの数値を測定し決めなければなりません。そしてその値を方程式へ挿入するのです。これらの数値を「基本定数」と呼びます。しかし基本（fundamental）ではなく曖昧《あいまい》（fudge）係数だという人もいます。

どのような視点をとるにせよ、注目すべき事実は、これらの数値の値があたかも生命が誕生し進化するのに都合がよいように非常に細かく調整されているように見えることです。たとえば、電子の電荷がもしわずかに違っていたならば、星の電磁場と重力場のバランスが崩れ、星は水素やヘリウムを燃焼させることができなくなってしまうか、あるいは超新星爆発が起こらないでしょう。いずれにしても生命は存在していなかったはずです。最終的に目指すのは、あらゆる部分的理論を近似として含み、電子の電荷の値などのように、理論の中に任意の数値を取り入れて観測事実に合うよう調整する必要のない、完全で矛盾のない統一理論を見つけることです。

　このような理論の探求は「物理学の統一理論」と呼ばれます。アインシュタインは人生の後半の大部分を統一理論を探すのに費やしましたが、成功しませんでした。機が熟していなかったのです。当時、重力と電磁力に関してはそれぞれをうまく記述できる部分的理論はありましたが、核力に関してはほとんど何も知られていませんでした。その上、第9章で触れたように、アインシュタインは量子力学の発展に自分自身が重要な役割を担ったにもかかわらず、量子力学が真実の法則であると信じようとはしませんでした。しかし、不確定性原理は私たちが生活している宇宙の根本的な特徴であるように思われます。したがって、統一理論が成功したなら、それはこの原理を必ず取り入れていなければなりません。

　このような理論を見つける見通しは、アインシュタインの時代より、宇宙に関してははるかに多くのことがわかっている現在の方がより高くなっています。しかし、自信過剰には気をつけなければなりません。私たちはこれまでにいくつもの誤りを犯してきたのですから！　たとえば二十世紀初頭には、弾性や熱伝導のようにすべての物理現象は連続物質の性質という観点から説明できると考えられていました。原子構造と不確定性原理の発見がこれに終止符を打ったのです。そしてまた、一九二八年にはノーベル賞受賞者である物理学者マックス・ボルンがゲッティンゲン大学を訪れたあるグループに「私たちが知っている物理学は、六か月以内に終わるだろう」と述べました。彼の自信は当時電子を支配する方程式がディラックにより発見されたことから来るものでした。当時電子以外で知られていた唯一の粒子だった陽子もこれに似た方程式で支配されているだろうと考えられたため、それが理論物理学の終点だとされたのです。しかしその後の中性子や核力の発見により、その考えもまた根底からくつがえされました。ただ、自信過剰を戒《いまし》めるこのような歴史があるにせよ、究極の自然法則の研究が今度こそ終わりに近づいているのではないかという慎重な楽観論を抱く根拠は存在するのです。

量子力学においては、物質粒子間の力や相互作用はすべて粒子によって運ばれると考えられています。電子やクォークといった物質粒子は、まず力を運ぶ粒子を放ちます。この放出による反動によって物質粒子の速度が変化します。これは大砲の弾を撃つと大砲自体が後ろへ動く理由と同じです。力を運ぶ粒子はそれから他の物質粒子に衝突し、吸収され、その粒子の動きを変化させるのです。放出と吸収のプロセスを合わせた結果は、二つの物体粒子間に力が働いたのとまったく同じです。

それぞれの力はそれぞれ固有の種類の力を運ぶ粒子によって伝えられます。力を運ぶ粒子の質量が大きいと、それを長い距離にわたって放出したり交換したりするのはたいへんでしょう。したがってそれらの粒子が運ぶ力は短い範囲しか届きません。一方、反対にもし力を運ぶ粒子に固有の質量がまったくなければ、力は遠くへと伝達されるでしょう。物質粒子間で交換される力を運ぶ粒子は、「実在」する粒子とは異なり粒子検出器で直接検出できないため、仮想粒子と言われています。しかしこれらの粒子は測定可能な作用を持っているため、存在していることはわかっています。これらの粒子は、物質粒子間の

粒子の交換
素粒子論によれば、力を運ぶ粒子の交換によって力が生じます。

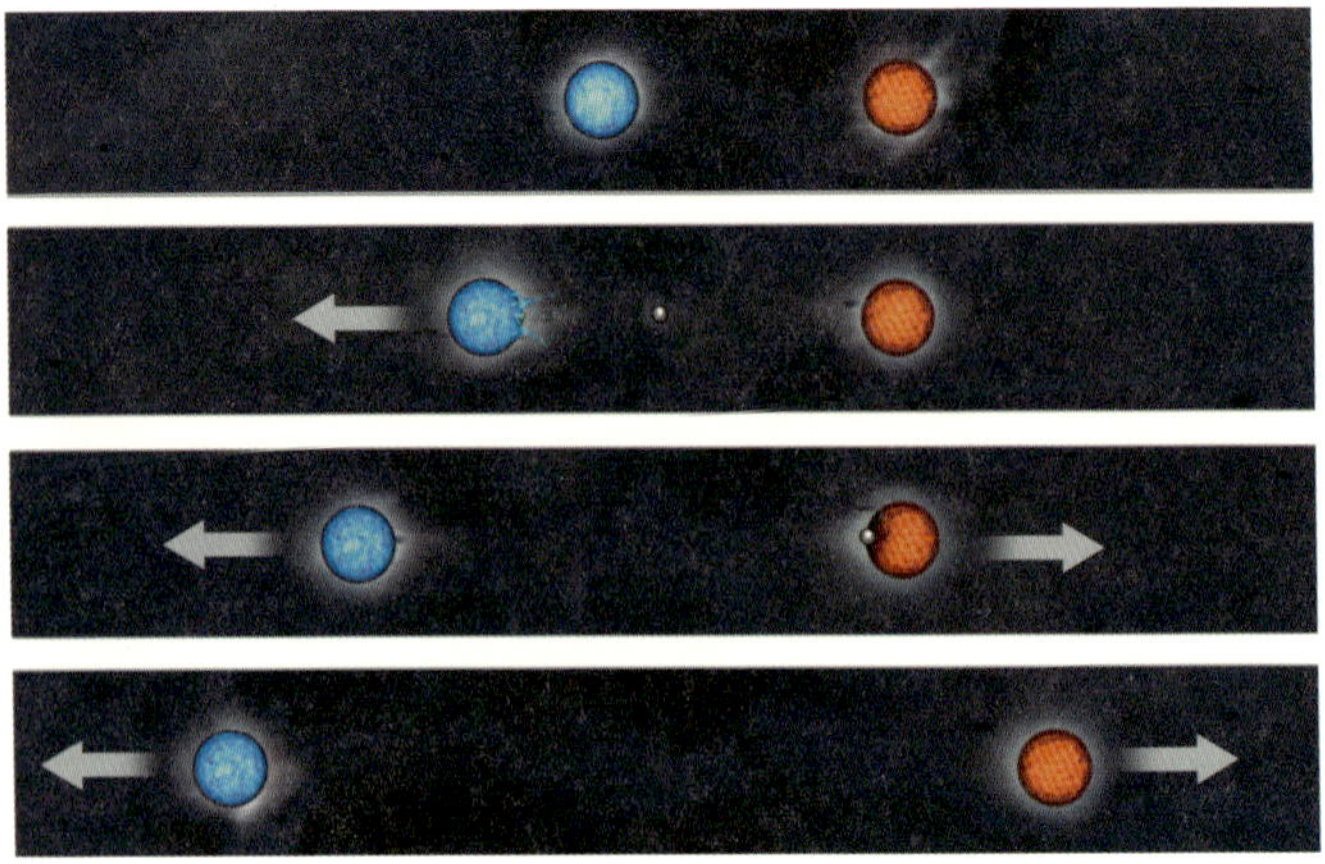

力を生み出すのです。

　力を運ぶ粒子は四つに分類することができます。ただしこの四つの分類は人工的な分類であることを強調しておいたほうがいいでしょう。この分類は部分的な理論を構築するには都合がよいのですが、しかしそれ以上のものではありません。究極的には、物理学者は統一理論、つまりこの四つの力が一つの力の異なる側面を表しているに過ぎないということを説明する理論を見つけたいと思っているのです。実際、多くの物理学者はこれが今日の物理学の一番主要な目標だと言うでしょう。

　第一の力は重力です。この力は普遍的な力ですべての粒子に働きます。粒子は質量、言い換えればエネルギーを必ず持っていますが、重力はこれに働くのです。重力は重力子と呼ばれる仮想粒子を交換することで引き起こされます。重力は四つの力の中でずば抜けて最も弱い力です。重力には長距離であっても作用し、またどんなときにも引きつける力であるという特別な性質がありますが、この二つの性質がなければ、重力はあまりに弱いので私たちが気づくこともないでしょう。しかし、それぞれの粒子の間に働く重力は確かに非常に弱いのですが、常に引力として長距離を伝わることから、地球や太陽のような巨大な物体間では、その中の粒子に働く重力が足し合わさって莫大《ばくだい》な力が生まれることになります。他の三つの力はその作用する範囲が非常に短く、またある時は引力、ある時は斥力《せきりょく》であるため、互いに打ち消しあう傾向があります。

次は電磁力です。これは電子やクォークのような電荷を帯びた粒子間では相互作用しますが、ニュートリノのような電荷を帯びていない粒子には作用しません。そして重力よりはるかに強力です。二つの電子間の電磁力は、重力の百万の百万倍の百万倍の百万倍の百万倍の百万倍（一のあとに〇が四十二個続く）も強力なのです。ただし、電荷には正と負の二種類あり、正の電荷どうしと負の電荷どうしでは斥力として働きますが、正と負の電荷の間では引力となります。

地球や太陽のような大きな物体では、正の電荷と負の電荷をほぼ同数含んでいます。そのため、個々の粒子間の引力と斥力は互いにほとんど相殺し、最終的な電磁力はほとんど働きません。しかし原子や分子レベルといった小さなスケールでは、電磁力が支配しています。核内の負の電荷の電子と正の電荷の陽子の間に作用する電磁力は、重力が地球を太陽のまわりで周回させるのと同じように電子を原子核のまわりで周回させます。電磁力の引力は、光子と呼ばれる数多くの仮想粒子を交換することで生じるとされています。ここでも、交換される光子は仮想粒子です。しかし、電子が外側の軌道から原子核に近い内側の軌道へと移るときには、エネルギーが放出され、本物の光子が放出されます。これはもし光子が可視光の波長を持っていれば人間の目にも光として見えますし、写真フィルムなどの光子検出器でも観測できます。同じように、これとは逆に本物の光子が原子と衝突し、電子の周回軌道を核に近い軌道から遠くの軌道へと動かすこともあります。これにより光子はエネルギーを使い切り、吸収されます。

三つめの力は弱い核力、通常は核という言葉を省略して弱い力と呼ばれています。私たちは日常生活ではこの力に直接に接することはありません。しかし、原子核の崩壊である放射能の原因となっています。この弱い力は一九六七年になって初めてよく理解されるようになりました。この年、ロンドンのインペリアルカレッジのアブドゥス・サラムとハーバード大学のスティーヴン・ワインバーグが、およそ百年前にマクスウェルが電力と磁力を統一させたのと同じように、電磁力と弱い核力との相互作用を統一する理論を提唱したのです。実験の結果はこの理論の予測と非常にうまく合致したので、一九七九年にサラムとワインバーグはノーベル物理学賞を受賞しました。またこのとき、よく似た電磁力と弱い力の統一理論を提唱したハーバード大学のシェルドン・グラショーも同時受賞しました。

四つめの力は、四つの力の中で最も強く、強い核力、通常は核という言葉を省略して強い力と呼ばれています。この力は弱い力と同じように直接接することのない力ですが、しかし私たちの日常生活のほとんどすべてに関わっています。強い力は陽子と中性子の内部にあるクォークをつなぎ止める力であり、また陽子と中性子をひとまとめにして原子核にしている力です。この強い力がなければ、正に帯電した陽子どうしには電気的な斥力が働くので、原子核は壊れ、吹き飛んでしまいます。この強い力はグルーオンと呼ばれる粒子が媒介しており、グルーオンはグルーオン自身とクォークとしか反応しません。

電磁力と弱い力の統合に成功したことで、これら二つの力を強い力と統合して大統一理論（GUT）と呼ばれるものを作ろうとする試みが数多くなされました。しかしこの名前はどちらかというと誇張した表現です。というのも、結果としてできあがる理論は重力を含んでいないため「大」がつくほどのものではなく、完全に統一されたものでもないからです。また、この理論は多くのパラメータを含んでいますが、それらの値は理論からではなく実験で測定し決めてやらなければならないという点でも、本当に完全な理論とは言えないでしょう。それでも、これは完全な統一理論への一歩ではあるかもしれません。

重力を他の力と統一させる理論を見つけるにあたって直面する主な問題は、重力理論（一般相対性理論）が唯一、古典的な理論のままで、量子論でないということでしょう。つまり、不確定性原理を考慮していないのです。しかし他の力の理論は基本的には量子化された理論です。重力を他の理論と統一させるためには、量子力学の原理を一般相対性理論に組み入れる方法を見つける必要があります。しかし、量子重力理論はいまだ誰も考え出せていません。

重力に関する量子論を作り出すのがたいへん困難である理由は、不確定性原理がたとえ「空っぽの」空間でさえ仮想的な粒子とその反粒子によって満たされているとしていることです。もし「空っぽの」空間が本当に空っぽであったなら、重力場や電磁場といったすべての場はきっかりゼロでなければならなくなります。しかし不確定性原理によれば、場の値とその時間変化率は、粒子の位置と速度（すなわち位置の変化率）の関係に似ていて、どちらかの量をより正確に知れば知るほど、もう片方の値を正確には知ることができなくなるのです。ということは、空っぽの空間の場がゼロに固定されるとしたら、正確な場の値（ゼロ）と正確な変化率（こちらもゼロ）を持つことになり、この原理に反することになります。したがって、場の値には最低限の不確定性が伴っているはずです。つまり量子ゆらぎが存在するはずです。

このゆらぎは、仮想的に粒子と反粒子がペアで出現したり、離れたり、再び一緒になって対消滅したりしているのだと考えることができるでしょう。これらの粒子は力を運ぶ粒子と同じように仮想粒子です。本物の粒子とは異なり、粒子検出器によって直接観測することはできません。しかし、電子軌道エネルギーのわずかな変化といったような、これらの粒子の間接的な効果は測定することができます。そしてそれはきわめて高い精度で理論的予測値に一致しています。電磁場のゆらぎを記述する粒子は仮想光子、重力場のゆらぎの場合は仮想重力子です。しかし弱い力と強い力の場のゆらぎの場合は、仮想粒子のペアは電子やクォークといった物質粒子とその反粒子のペアです。

問題は仮想粒子がエネルギーを持っていることです。事実、無限の数の仮想ペアが存在するので、これらは無限のエネルギーを持

仮想粒子／反粒子ペアのファインマンダイアグラム

不確定性原理を電子のときと同じように当てはめると、空っぽの空間でも仮想粒子／反粒子のペアが出現したり、対消滅したりしているとされます。

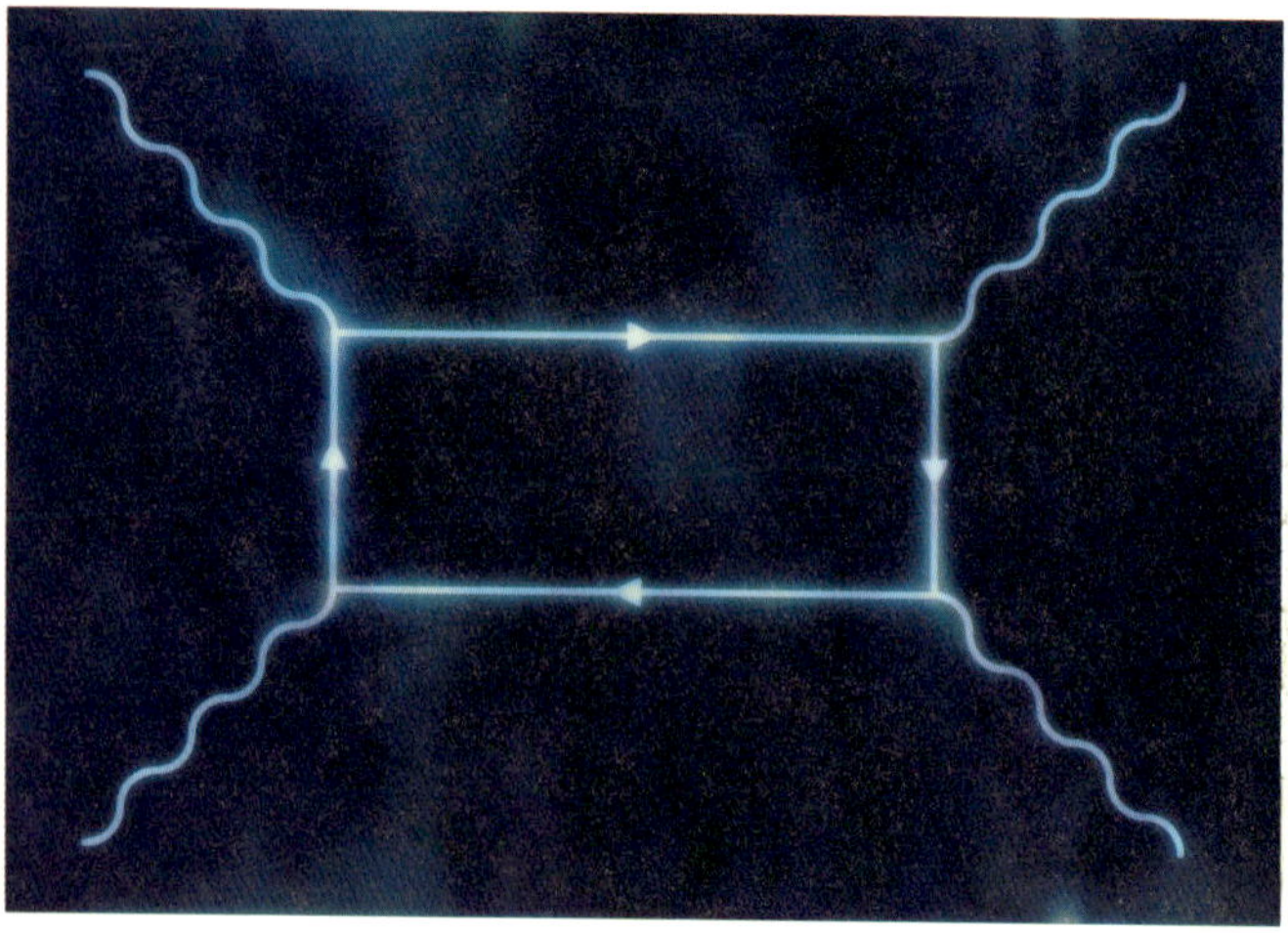

ち、したがってアインシュタインの方程式 $E=mc^2$（第5章参照）により無限の質量を持つことになります。一般相対性理論によると、これでは宇宙は重力によって無限に小さなサイズにまで曲げられてしまうことになります。もちろんそんなことは明らかに起こっていません。このばかげた無限大の問題、あるいは発散という問題は、強い力、弱い力、電磁力といった他の力の理論でも同じように生じるのですが、これらの場合には「くりこみ」と呼ばれる処理をすることで無限大を除去することができます。だから私たちはこれらの力に関しては量子論を作り出すことができたのです。

くりこみは、理論上生じる無限大を打ち消す効果を持っている、新たな無限大を導入しています。ただし、理論上の無限大は完全に打ち消す必要はありません。打ち消した後もわずかな残りが生じるように新たな無限を選ぶことができるのです。打ち消された後にわずかに残った量は、くりこまれた量と呼ばれています。

実際にはこのテクニックはかなり数学的に疑わしいものですが、それでもきちんと機能します。事実、強い力、弱い力、電磁力の理論の計算に用いられて、並はずれた精度で測定結果と一致する予測を出しています。しかし、完全な統一理論を見つけるという点ではこのくりこみ論には重大な欠点があります。実際の質量の値や力の強さなどが理論からは予測できず、測定結果と一致するものを選ばなければならないのです。一般相対性理論から量子論的発散の困難を除外するためにくりこみ論を使おうとすると、調整できるパラメータは残念ながら二つしかありません。重力の強さと、宇宙項（アインシュタインが宇宙は膨張していないと信じていたために自分の方程式に導入した項。第7章参照）の値です。結局は、これらを調整するだけではすべての無限大を取り除くことはできません。したがって私たちが今手にしている量子重力理論は、時空の曲率といった量が完全に有限なものとして観測されるにもかかわらず、本当は無限であると予測してしまうのです。

発散が一般相対性理論と不確定性原理を統合するにあたって問題なのかどうかは、しばらくの間疑われてきましたが、最終的に一九七二年に詳細な計算が行われ確認されました。その四年後に、この問題を解決できるかもしれない一つの理論、「超重力理論」が提唱されました。ただ残念なことに、超重力において無限大が打ち消しあわずに残っているかどうかを知るためには膨大な計算が必要です。しかしその計算は実際たいへん困難なため、誰もそれに着手する準備ができている人はいませんでした。コンピューターを用いたとしても何年もかかるだろうとされ、たとえそれを行っても少なくとも一つ、おそらくはそれ以上のミスが生じる可能性が非常に大きかったのです。誰かがこの計算をして答えを出し、その後に他の誰かが再計算して同じ答えを出した場合のみ、それが正しい答えだと言えますが、実際にはそうはいかないでしょう。

こうした問題や、超重力理論での粒子は測定されている実際の粒子とはあまり合致していないように見えるという事実があるにもかかわらず、たいていの科学者はそれでも超重力理論を改良すれば、おそらく重力を他の力に統合するという問題の正しい答えになるだろうと信じていました。しかし一九八四年、学界の雰囲気は大きく変わり、ひも理論と呼ばれる理論に支持が集まり始めました。

ひも理論の以前は、素粒子は「点粒子」、つまり空間の一点だけに存在すると考えられていました。ひも理論では、基本的な物体は点粒子ではなく、無限に細いひもの一部のようなものです。長さはありますが太さはありません。ひもは、あるものは端があり、いわゆる開いたひもと呼ばれています。あるものは輪ゴムのようにループとなっており、閉じたひもと呼ばれています。粒子は各瞬間に、空間内のある一点を占めています。一方、ひもは各瞬間に、空間内のある一本の線を占めます。二つのひもはつながって一つのひもになることもできます。開いたひもの場合なら、単純に端がつながりますが、閉じたひもの場合には一枚のズボンに脚の部分が二つ付くようにつながります。同様に、一本のひもは二本のひもに分割することもできます。

宇宙内の基本物体がひもであるならば、実験上で私たちが観測する点粒子は何なのでしょう？　ひも理論では、以前には種類の異なる点粒子と考えられていたものが、振動している凧《たこ》糸を伝わる波のように、ひものさまざまな波として考えられています。しかし、ひもとその振動はあまりにわずかであるため、私たちの最先端の技術をもってしてもそれらの形を解析はできず、そのため私たちが行う実験上ではそれらは小さな特徴のない点として振る舞います。たとえば粉じんの細粒《さいりゅう》を見ていると考えてみましょう。近づくか虫眼鏡を使うと、その粒の点が不規則な、あるいはひょっとしたらひものような形をしていることがわかるかもしれませんが、遠くからだと何の変哲もない点にしか見えないでしょう。

ひも理論では、粒子による他の粒子の放出や吸収はひもの分割や結合に対応しています。たとえば太陽の地球に対する重力は、粒子理論では、重力子と呼ばれる力を運ぶ粒子を太陽内の物質粒子が放出し、地球の物質粒子がそれを吸収することとして説明されます。ひも理論では、この過程はH型のチューブあるいはパイプと対応しています。この意味ではひも理論は配管工事に似ていると言えるでしょう。Hの二本の垂直な線が太陽と地球の粒子に対応し、水平な線がそれらの間を動く重力子に対応します。

ひも理論には興味深い歴史があります。この理論はもともと一九六〇年代後半に強い力を説明する理論を見つけようとする試みの中で作り上げられました。この考えは陽子や中性子のような粒子をひもの波とみなすことができるというものでした。粒子間の強い力は、クモの巣のように他のひもの間をつなぐ一本のひもにあたります。この理論で粒子間

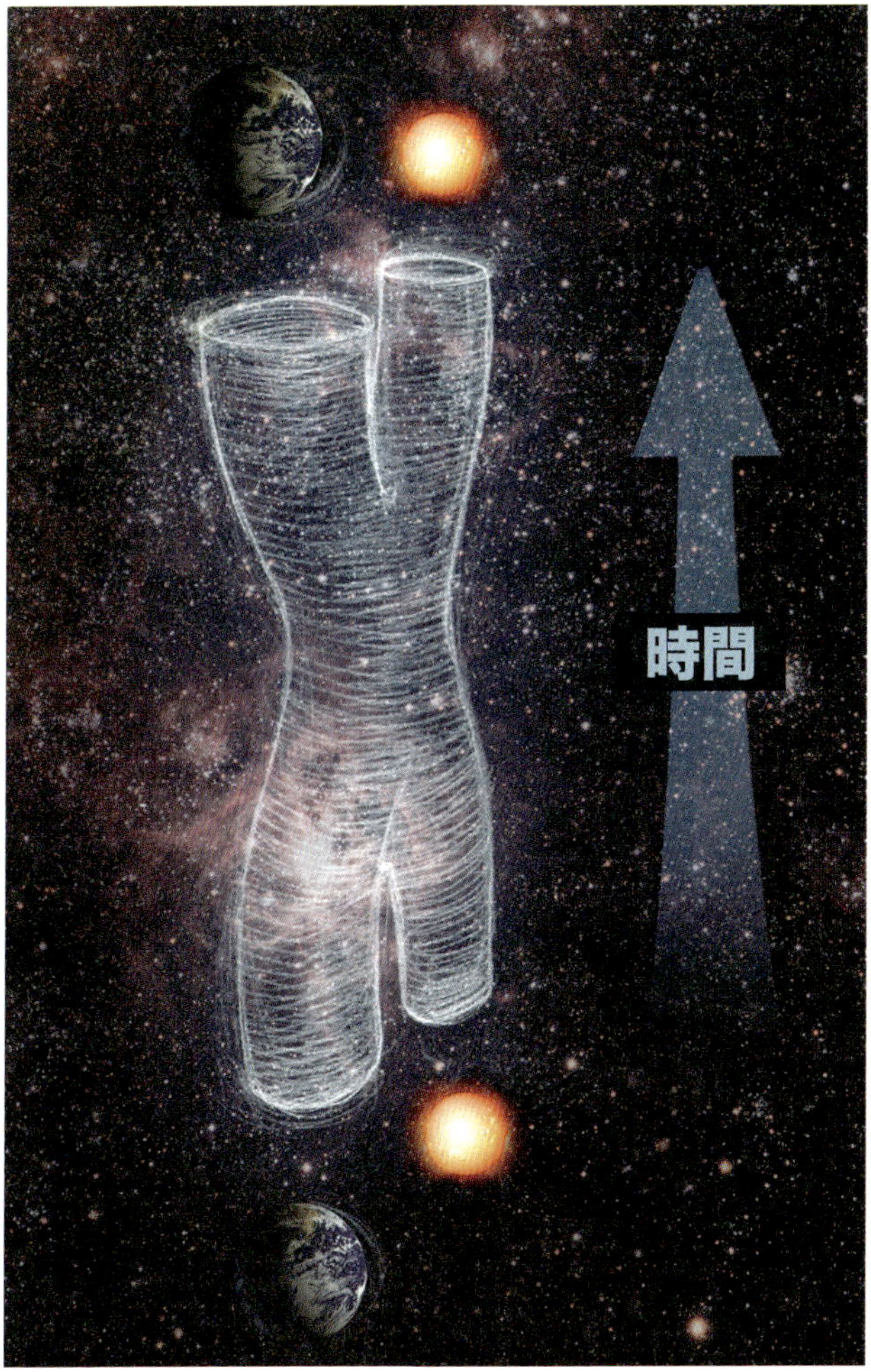

ひも理論におけるファインマンダイアグラム
ひも理論では、長い距離を伝わる力は、力を運ぶ粒子の交換ではなく、チューブの結合によって生じるとされます。

の強い力の測定値を説明するためには、このひもは十トンの牽引力のある輪ゴムのようでなければなりませんでした。

一九七四年にパリの高等師範学校のジョエル・シャークとカリフォニア工科大学のジョン・シュワルツは、ひも理論は重力を説明することができるが、それはひもの張力が十億の百万倍の百万倍の百万倍の百万倍の百万倍トン（一のあとに〇が三十九個続く）である場合のみであることを示す論文を発表しました。ひも理論の予測は普通の長さのスケールでは一般相対性理論の予測と同じですが、十億の百万倍の百万倍の百万倍の百万倍分の一センチメートル（一センチメートルを一のあとに〇が三十三個続く数で割ったもの）以下といった小さなスケールにおいては異なります。

当時、彼らの業績はあまり注意を払われませんでした。というのも、ちょうどその頃、ほとんどの研究者はひも理論より実験結果と一致するように思われたクォークとグルーオンの理論を好み、強い力に関するもともとのひも理論に見切りをつけていたのです。シャークは悲惨な境遇の中で世を去りました（彼は糖尿病に苦しんでいて、周囲にインスリン注射をしてくれる人がいないときに昏睡《こんすい》状態に陥ったのです）。そのためシュワルツがひも理論の支持者としてただ一人残されましたが、彼はその後ひもの張力を以前よりもはるかに大きい値に見積もりました。

一九八四年、ひも理論への関心が突如よみがえりました。おそらく次の二つの理由からです。一つは、超重力理論が結局うまく進まなかったことです。超重力が有限であることも示せませんでしたし、観測される粒子の種類をうまく説明することもできなかったのです。もう一つの理由は、ジョン・シュワルツが新たな共著者、ロンドンのクィーン・メリー・カレッジのマイク・グリーンとともに新たな論文を発表したことです。この論文では、ひも理論が左巻き粒子の存在を説明できる可能性が示されました（ほとんどの粒子は、実験装置を鏡に映して左右を逆転しても同じように振る舞いますが、中には動きが変化する粒子もあります。こうした粒子を右巻き粒子／左巻き粒子と呼びます）。理由はどうであれ、すぐに多くの人々がひも理論に飛びついて研究を始めました。そして、観測される粒子の種類をうまく説明できそうな新しいバージョンの理論へと発展させたのです。

ひも理論にもまた無限大の問題はありましたが、正しいバージョンではその無限大はすべて打ち消しあうと考えられていました。ただしまだこれは確定はしていません。しかし、ひも理論はもっと大きな問題を抱えています。ひも理論は時空が通常の四次元ではなく十次元あるいは二十六次元の場合のみ成立するようなのです！　もちろん、時空次元が普通より多いというのはSFの分野では日常茶飯事のことです。実際、余分な次元は、光より速く運動できないとか、時間をさかのぼれないといった一般相対性理論での通常の制約（第10章を参照）をうまく克服する理想的な方法になりえます。余分な次元を通って近道ができるのです。これは次のように描写することができます。私たちが住んでいる宇宙は二次元しかなく、またドーナツの表面のように輪を描いて曲がっていると思ってください。そのとき、あなたが輪の内側の縁のある場所にいて、向かい側の場所に行きたいと思うならば、目的地までは内側の輪に沿ってぐるっと移動しなければならないでしょう。しかし、もし三つめの次元で移動できるのなら、輪を横切って直線で移動することができるでしょう。

もしこれら余剰次元が本当に存在するのなら、なぜ、私たちはそれに気づかないのでしょう？　なぜ私たちには三次元の空間と一次元の時間にしか見えないのでしょうか？　考えられるのは、これらの余剰次元は私たちになじみのある次元とは異なるものだということです。これらの次元は、一センチメートルの百万分の一の百万分の一の百万分の一の百万分の一といったような非常に小さなサイズにまで曲げられています。このサイズはあまりにも小さいため、私たちはそれに気づかないのです。私たちは、時空がかなり平らになっている一つの時間次元と三つの空間次元のみ目にするのです。

わかりやすい例えとして、ストローの表面を考えるとよいでしょう。ストローを近くで見ると、その表面は二次元的であることがわかります。ストロー上のある点の位置は、ストローの方向に沿った端からの距離と、円周上での距離という二つの数値で表されます。しかし、円周上の次元の方が長軸方向の次元に比べてはるかに小さいので、ストローを遠くから見ると、そのストローの太さはわからず、一次元的に見えます。つまり、ストロー上のある一点を示すには端からの距離のみでいいのです。ひも理論の研究者はこれが時空についても当てはまると言います。ごく小さなスケールでは時空は十次元で、非常に曲がっていますが、大きなスケールになると余剰次元やその曲がりは目に見えないのです。

この考えが正しいとすると、宇宙旅行をしたいと思っている人には悪いニュースとなるでしょう。余剰次元は、宇宙船が通り抜けるにはあまりにも小さすぎるのです。しかし、科学者にとっても同様に重大な問題が生じます。なぜ、すべてではなく一部の次元のみが小さなボールのように縮められるのでしょう？　おそらく、宇宙のごく初期にはすべての次元が曲がって縮んでいたのかもしれません。すると、どうして他の次元がきゅっと縮められているのに、一つの時間次元と三つの空間次元のみが平らに伸ばされたのでしょう？

その答えとして考えられるものの一つに、人間原理と呼ばれるものがあります。これは、「私たちが存在するから、宇宙はこのように見えるのだ」と言い換えることができます。人間原理には弱い人間原理、強い人間原理の二つのバージョンがあります。弱い人間原理では、時間や空間が大きかったり無限だったりする宇宙では、知的生命体が生まれ進化する必要条件は、空間と時間においてきわめて限られた領域でのみ満たされると考えます。したがって、こうした領域に住む知的生命体は、自分たちの宇宙での存在場所が自分たちが存在できる必要条件を満たしていることを観測から知っても、驚かないでしょう。これはちょうど、お金持ちの人が貧困をまったく目にすることなく裕福な地域に住んでいるようなものです。

さらにその考えを進めていくと、この原理の強いバージョン、強い人間原理になります。この強い原理によれば、多くのいろいろな宇宙が存在するか、もしくは一つの宇宙の中にいろいろな領域が存在し、そのそれぞれに独自の初期条件と、おそらくは独自の科学法則があります。これらの宇宙のほとんどには、複雑な有機体が生まれ進化できる適切な条件はないでしょう。もちろんそこでは知的生命体も生まれません。ほんのわずかな数の宇宙だけが私たちの宇宙と似通っており、そこで知的生命体が進化し「なぜ宇宙は、私たちが見ているような宇宙なのだろう?」と疑問に思うことでしょう。そしてその答えは、単純です。もし宇宙がこうでなければ、私たちはここにはいないのです!

弱い人間原理についてその正当性や実用性について口論する人はほとんどいないでしょう。しかし、強い人間原理を、観測された宇宙の状態の説明とすることに関しては多くの反論があります。たとえば、どういう意味で、たくさんの宇宙すべてが存在すると言えるのでしょう？　もしこれら宇宙が互いに本当に分断されているのなら、別の宇宙で起きたことは私たちのいる宇宙では観測不可能という結果になるはずです。したがって私たちは、原理的に観測不可能なことを議論するのはまったく時間の浪費だという経済性の原則によって、別のたくさんの宇宙があるという考えを理論から切り捨てるべきでしょう。一方で、もしそれらが一つの宇宙の中の異なる領域に過ぎないのなら、科学法則はどの領域でも同じはずです。なぜなら、もしそうでなければ、ある領域から他の領域へと移動し続けることができないからです。そうなると、領域間で違っているのはそれぞれの初期条件だけということになるので、強い人間原理は弱い人間原理と同じことになります。

人間原理は、なぜひも理論における余剰次元が曲げられ縮んでいるのかという疑問に対して、一つの答えを示してくれます。空間が二次元しかないと、私たちのような複雑な生命が誕生し進化するには十分ではないようです。たとえば、円（二次元の地球の表面）の上に住んでいる二次元的な動物は、互いにすれ違うためにはお互いを乗り越えなければならないでしょう。また、もし二次元的生物が何かを食べたのなら、完全にはそれを消化することはできず、それを飲み込んだのと同じように消化の残りを吐き出さなければなりません。なぜなら、もし二次元的生物の体を通り抜ける通過道、つまり消化器、があるなら、その生物を真っ二つに分けてばらばらにしてしまうからです。同様に、二次元的生物では血液をどううまく循環させるか難しいでしょう。

また逆に空間の次元が三次元より多い場合も問題があるでしょう。この場合、二つの物体間の重力は距離が離れると三次元の場合よりも急激に減少することになります（重力は三次元では距離が二倍になると四分の一に減少します。それが四次元では八分の一、五次元では十六分の一、というように減少します）。このように重力が変わるとたいへん大きな影響が現れます。太陽のまわりを回っている地球のような惑星の軌道が不安定になってしまうのです。他の惑星からの重力などによってほんの少しかく乱が生じるだけでも、地球はらせんを描きながら太陽から離れていくか、もしくは太陽に向かっていくことになります。つまり、私たちは凍りつくか、焼き尽くされてしまうかです。また、三次元以上の空間では重力の距離依存性がこのように変わってしまうため、もはや太陽は安定して存在することができなくなります。重力が太陽内のガスの圧力とうまくバランスを取れなくなるからです。そのため太陽はばらばらに分解してしまうか、あるいは崩壊してブラックホールになるかです。どちらの場合でも、太陽がそうなってしまえば地球上の生命にとって熱源や光源としてはあまり役立たないでしょう。

小さなスケールの世界でも同じような困ったことが起こります。惑星が太陽のまわりを公転運動しているように、電子も原子内で核の周囲を軌道運動していますが、この場合、

3次元であることの重要性
次元が3より多いと、惑星は軌道が不安定になり、太陽に向かって落ちていってしまうか、太陽の引力から完全にはずれてしまいます。

電気力が重力と同様の振る舞いをすることになります。したがって、電子はすべて原子から逃れてしまうか、あるいはらせんを描いて核へ向かうことでしょう。どちらの場合でも、私たちが知る原子のような原子は存在できないでしょう。

このようにして、少なくとも私たちの知っているような生物は、一つの時間次元とちょうど三つの空間次元が小さく丸まらずにある時空領域内でのみ、存在することができるように思えます。そうだとすると、ひも理論が少なくともこのような宇宙領域が存在可能であることを示せれば、弱い人間原理を採用できることになります。実際ひも理論はその存在を本当に示しているようです。宇宙には私たちの住むような知的生命体の生まれる領域も、またそうでない他の領域も存在するだろうし、それがどのような意味を持つとしても、他の宇宙も存在するでしょう。そこではすべての次元が小さく縮められているか、あるいは四つ以上の次元がほとんど平坦に存在するかもしれません。しかし次元が三次元でないような領域には知的生命体は決して存在していないでしょう。

次元の問題に加えて、もう一つのひも理論の問題点は、少なくとも五つの異なる理論（二つの開いたひも理論と、三つの閉じたひも理論）が存在すること、さらにひも理論の予測する余剰次元が小さく巻き上げられる方法が何百万通りもあることです。どうしてただ一つのひも理論と一通りの巻き上げ方が選ばれるべきなのでしょう？　しばらくはその答えは見つかることもなく、進歩は行き詰まりました。その後一九九四年頃から、研究者は双対性《そうついせい》と呼ばれるものを発見し始めました。異なるひも理論でも異なる余剰次元の巻き上げ方でも、四次元では同じ結果になるのです。さらに、粒子が空間の一点を占め、ひもが一本の線を占めるように、二次元かそれ以上の次元の体積を占めるpブレーンと呼ばれるものがあることがわかりました。粒子は1ブレーン、ひもは0ブレーンとみなすことができますが、pブレーンの場合には、pは2から9までの値をとります（2ブレーンは二次元の膜のようなものですが、これより高い次元のブレーンについてはイメージするのが難しいでしょう）。ここから示唆されるのは、超重力理論、ひも理論、pブレーン理論の間には、ある種の民主主義がある（どれも等しい発言権を持っているという意味で）ということです。これらの理論は互いにうまく調和しているように見えますが、どの理論も他より根元的な理論だというわけではないのです。代わりに、三つの理論はみな、ある根元的理論の異なった形の近似であり、それぞれ違う状況で有効であるように見えます。

研究者はこの根元的理論を探し求めましたが、今までのところまったく成功していません。ゲーデルが示したように、算術を一つの公理系だけで定式化することができないのと同じく、根元的理論も一つに定式化することはできないという可能性もあります。その代わり、それは地図のようなものかもしれません。丸い地球や、ドーナツのような形の表面は、一枚の平らな地図では表せません。あらゆる地点を表すためには、少なくとも地球の場合には二枚、ドーナツの場合には四枚の平坦な地図が必要です。それぞれの地図は限られた領域だけで有効ですが、他の地図と重なっている領域もあるでしょう。これらを全部集めれば、表面を完全に描写できます。物理学でも同様に、異なった状況では異なった定式化が必要であっても、二つの異なる定式化がともに適用できる状況では両者は一致するでしょう。

これが本当ならば、異なる定式化を収集すれば、一つの公理系で表すことができなくても、完全な統一理論とみなすことができます。しかし、このような控えめな考えさえ、自然が許容することを超えているかもしれません。そもそも、統一理論など存在しない可能性もあるのではないでしょうか？　私たちは、ただ蜃気楼《しんきろう》を追いかけているだけではないのでしょうか？　これには三つの可能性があるように思えます。

1．完全な統一理論（または、互いに重複している定式化を集めたもの）は確かに存在する。私たちが十分賢ければ、いつか発見できる。
2．宇宙の究極の理論は存在せず、だんだん正確に宇宙を記述できるようになっていくが決して完全に正確にはならない理論が延々と続いていく。

3．宇宙の理論は存在しない。宇宙での出来事はある限度を超えると予測できなくなり、無作為に、そして気まぐれに起こる。

宇宙を支配する完全な究極の理論があるということは、意のままに世界を操ろうとする神の自由意思を侵害すると考え、三つめの可能性に賛成する人もいるでしょう。しかし、神は全能なのだから、神が望めば自らの自由を侵害させるようなことはないのではないでしょうか？　それは次の古いパラドックスのようなものです。「神は石を自分で持ち上げられないくらい重くすることはできるのでしょうか？」実際、アウグスティヌスが指摘したように、神が考えを変えたいと思うかという問題は、神を時間の中に存在するものとして想像するという過《あやま》ちの例なのです。時間は神が創造した宇宙だけの特質です。おそらく、神は、自らそれを定めたときに何を意図していたかを知っていたのです！

量子力学の成立とともに、私たちは完全な精度で出来事を予測することはできず、常にある程度の不確実性が存在することを知りました。お望みなら、この偶発性を神の介入のせいにすることもできます。しかし、それは非常に奇妙な類《たぐい》の介入でしょう。何らかの目的のためのものだという証拠がまったくないのですから。本当に神の介入があるならば、それは偶発的なものであるはずがありません。現代では、私たちは科学の目標を再定義することによって、実質的に先ほどの三つめの可能性を取り除いたのです。私たちの目的は、不確定性原理の限界まで物事を予測できる一式の物理法則を定式化することです。

だんだん精度が高くなる理論が無限に続くという二つめの可能性は、今までのところ、私たちのすべての経験に合っています。非常に多くの研究で、私たちは測定の感度を高め、また今までにない観測を行い、既存の理論によって予測されなかった新しい現象を発見し、これらを説明するためにより高度な理論を発展させてきました。粒子のエネルギーをどんどん高くして素粒子の研究を進めることにより、私たちは、現在「素」粒子とみなしているクォークや電子よりもさらに基本的な、新しい階層を見つけることを期待しているのです。

重力は「箱の中にまた箱が」という理論の連続に限界があるということを示すかもしれません。いわゆるプランクエネルギーを超えるようなエネルギーを持った粒子があるとしましょう。これは密度があまりに高いので、宇宙の他の領域と自ら関係を絶って、小さいブラックホールになるでしょう。したがって、より高いエネルギーを研究対象とするようになると、だんだん精度が高くなる理論の連続には、何らかの限界があるべきだと考えられます。こう考えると、宇宙には何らかの究極の理論があるはずです。

しかし、プランクエネルギーほどのエネルギーは、現在のところ実験室で作り出すことはできません。近い将来のうちに加速器でそのエネルギーに達することができるとも思えません。しかし、宇宙のごく初期は、そのような高エネルギーが発生する舞台であったはずなのです。宇宙の初期状態と数学的無矛盾性の要件を研究していけば、私たちがまだ生きているうちに完全な統一理論が得られるチャンスは十分にあるように思われます。もっとも、人はいつもずうずうしいもので、自分の可能性を最初につぶしたいとは思わないものです。生きているうちかどうかは、まあわかりませんが……。

もし、私たちが実際に宇宙の究極の理論を発見するとしたら、それはいったい何を意味するのでしょうか？

第3章で説明したように、理論というものは証明することができないので、正しい理論を見つけたかどうかは決してはっきりとはわかりません。しかし、理論が数学的に無矛盾で、いつも常に観測と一致する予測を与えるならば、私たちはそれが正しいものだと合理的に確信することができるでしょう。それは宇宙を理解しようと挑戦した人類の知的な戦いの歴史の、長くて栄光ある章の幕を閉じることになるでしょう。しかしまた、それは宇宙を支配している法則に対する普通の人の理解にも変革をもたらします。

ニュートンが生きている時代においては、教育を受けた人には少なくとも大筋では人間の知識の全体像を把握することが可能でした。しかしそれ以来、科学の進歩のペースはあまりにも速く、これは不可能になってしまいました。理論は新しい観測を説明するために絶えず改訂されるので、普通の人々が理解することができるように適切に要約、簡素化されることはありません。理解できるのは専門家だけです。また専門家でさえ、科学の理論のほんのわずかな割合だけ、自分の狭い専門について正確に把握したいと望むのが関の山です。さらに進歩があまりにも急速なので、学校や大学で学ぶことはいつも少し時代遅れです。ほんの数人の人々だけが、知識が急速に前進しているフロンティアについて行くことができますが、そのためにはまず自分の専門を狭い分野に限定した上で、自分の時間のすべてをささげて専念しなければならないのです。残りの普通の人、非専門家は、どのような進歩が起こっているのかほとんどわかりませんし、その進歩が生んでいる興奮をともにすることもできません。また一方、七十年前には、エディントンが信じていたことが正しければ、一般相対性理論を理解していた人は二人だけでした。今日では、何万人もの大学生が理解して卒業していますし、何百万人もの人々がこの理論に精通しています。

完全な統一理論が発見されたなら、理論は要約・簡素化され、学校ですぐに、少なくともアウトラインは教えられるようになるでしょう。それは時間の問題です。私たちはみな、そのとき、宇宙を治めている法則、私たちの存在の原因となった法則をいくらか理解するようになっているでしょう。

もっとも、完全な統一理論が発見されても、それはこの宇宙・世界で起こる出来事一般を予測できるようになるということではありません。これには二つの理由があります。一つは、量子力学の不確定性原理が私たちの予測能力を制限するからです。私たちはそれを避けることはできません。しかしながら、この一つめの制限は二つめのものにくらべると、実際には、それほど制限にはなっていません。二つめの制限は、非常に簡単な場合を除いて、単にその理論の方程式が解けないので、予測できないということです。すでに記したように、原子核と電子が二個、もしくはそれ以上ある原子の状態を決める量子力学の方程式すら、厳密には解くことができないのです。私たちはニュートンの重力理論ほど簡単な理論での三体問題、つまり三つの粒子が互いに重力で引きあっている系の運動すら、厳密には解けません。さらにその数が増えたり、用いる理論が複雑になると、ますます困難になります。通常は、応用には近似解でも十分ですが、しかし「すべての統一理論」という立派な名前から感じられる壮大な期待とは一致しない状況です。

今日すでに私たちは、特に極端な条件の場合を除いて、物質がどのように運動するかを支配している法則をほとんど知っています。とりわけ、私たちは化学や生物学の分野については、すべて、基本法則を知っています。しかしだからと言って、これらの学問分野の問題をすでに解決したものとして軽んじるわけではありません。結局のところ、私たちはまだ数学的方程式から人間の行動を予測することにはまったく成功していないのです！　私たちが、たとえ完全にそろった一組の基本法則を見つけても、それを近似的に解くよりよい方法を開発する知的な挑戦には時間がかかるでしょう。この方法によって、複雑で現実的な状況で起こりうる結果を実用的に予測することができるようになります。完全で、無矛盾な統一理論の発見は、第一歩にしか過ぎないのです。私たちの目標は、私たちのまわりで起こっている出来事、そして私たち自身の存在を、完全に理解することなのです。

12

Conclusion

結論

第12章 結論
Conclusion

私たちはこれまでの章で、自分たちが途方に暮れるようなめまぐるしい世界にいることを見てきました。私たちは、私たちが周囲で目にすることを理解したいと願い、次のように自問するのです。宇宙の本質とは何なのでしょうか？　私たちは宇宙においていかなる存在なのでしょうか？　また宇宙は、私たちは、いったいどこから来たのでしょうか？　宇宙はなぜこのような状態になっているのでしょうか？

これらの疑問に答えようと試み、私たちはいくつかの世界の姿を描きだしました。亀が無限に重なった塔がこの大地を支えているのだという考えもその一つですし、超ひも理論もその一つです。これらは両者とも宇宙の理論ですが、後者は前者に比べてはるかに数学的で正確です。しかしどちらの理論も観測による証拠を欠いています。これまで背中に大地を乗せている巨大な亀を見たことのある人はいませんし、また、超ひもを見たことのある人もいません。しかし、亀の理論はよい科学的理論とは言えません。人々が世界の縁から落ちてしまうはずだと容易に予測されるからです。この亀の理論に当てはまる見聞は今まで一つもありません。もっとも、この理論がバミューダ・トライアングルで消えてしまったとされる人々の説明ができると判明すれば別ですが！

古代の宇宙論には、世界で起こるいろいろな出来事や自然現象は、人の感情を持った、きわめて人間的で予想もできないような仕方で動く精霊によってコントロールされているのだという考えもありました。これら精霊は、川、山、太陽や月などの天体といったあらゆる自然界の物体に棲《す》んでいると考えられました。そして肥沃《ひよく》な土壌と季節の移り変わりを確保するために、これら精霊を鎮め、恩恵を請わねばなりませんでした。しかし、人類はだんだんと自然世界の変化、運動には規則が存在することに気づいていきました。太陽神へ生贄《いけにえ》を捧げても、捧げなくても、太陽は常に東から昇り西へ沈みます。さらに、太陽、月、惑星の大空での軌跡は前もって正確に予測する

亀が支える宇宙から
曲がった宇宙まで
古代と現代の宇宙の見方。

ことができます。それでも太陽と月はまだ神であるかもしれませんが、そうだとしても、ヨシュアのために太陽が静止するといった神話は無視するとして、例外なく厳格な法則に従う神なのです。

最初、これらの規則や法則は、天文学をはじめいくつかの場合についてのみはっきりしていました。しかし、文明が進歩し、とりわけここ最近の三百年間には、さらに多くの規則や法則が発見されました。こうした法則がうまく現実を説明できていたことから、十九世紀初頭、ラプラスは科学的決定論を唱えます。つまり彼は、ある時点での宇宙の配位さえ与えられれば、宇宙の進化を正確に決定できる法則があるのだと言ったのです。

しかし、ラプラスの決定論は二つの意味で不完全でした。第一にどのように法則が定められているのかに言及していない点、また第二に宇宙の初期の配位、つまり初期条件を明確に示していない点です。これらは神の行う行為として残されました。神は宇宙がどのように始まり、どのような法則に従うのかを決めたのかもしれませんが、しかし、一度宇宙が始まってからは宇宙には一切干渉しなかったでしょう。事実上、神は十九世紀の科学では理解できなかった領域に押し込められたのです。

現在、私たちはラプラスの望んだ決定論は、少なくとも彼が考えていたような観点からは実現されないことを知っています。量子力学における不確定性原理は、粒子の位置や速度といったある一組の量の両者を完璧な正確さでは予測できないことを示しています。量子力学はこの状況を、粒子を明確な位置や速度のない波として表す量子論によって取り扱います。量子論は波の時間的発展に関する法則であるという点では決定論的です。したがって、ある時点での波を知れば私たちは他のどの時点での波をも算出することができます。予測のできないランダムな要素は、私たちが波を粒子の位置と速度という視点から解釈しようとした場合にのみ生じます。しかしこれは私たちの誤りかもしれません。つまり粒子には位置や速度などはなく、波のみが存在するのかもしれないのです。単に私たちが、先入観にとらわれて位置とか速度という概念に波を無理やり当てはめようとしているだけなのです。結果として生じるミスマッチによって、一見予測不可能であるように思えるのです。

実際私たちは、科学の使命は事象を不確定性原理の限界まで予測することができる法則を発見することだと再定義してきました。しかし、それでも問題は残っています。どのようにして、またどうしてその法則と宇宙の初期状態が選ばれたのでしょう?

この本では重力を支配する法則を特別に重要視してきました。なぜなら、重力は四つに分類された力の中では最も弱い力ですが、宇宙の巨大構造を形作るのは重力だからです。重力に関する法則は、かなり最近まで信じられていた宇宙は時間的に不変であるという考えとは相容れませんでした。重力は常に引力であるという事実は、宇宙は膨張あるいは収縮しているに違いないことを示唆しています。一般相対性理論によると、過去に密度が無限の状態、すなわちビッグバンがあったに違いなく、これは時間の始まりでもあるのです。同様に、宇宙全体が収縮して崩壊したのなら、未来にもう一つの密度が無限の状態、つまりビッグクランチがあるに違いなく、これは時間の終わりでしょう。たとえ宇宙全体は崩壊しなかったとしても、宇宙のどこかの領域では崩壊してブラックホールが形成され、そこに特異点があるでしょう。これらの特異点はブラックホールに吸いこまれた人にとっては時間の終わりとなるでしょう。ビッグバンの瞬間やその他の特異点では、すべての法則は破綻し、そこで何が起きているのか、また宇宙がどのように始まったのかまったくわからず、いまだに神の意のままということになるのです。

量子力学と一般相対性理論を統合するときには、以前には生じなかった新たな可能性が生まれてくるかもしれません。つまり、空間と時間は一緒になって、次元が増えた地球の表面のような、特異点や境界のない四次元の有限な空間を形成するかもしれません。この考えは、宇宙の巨視的スケールでの一様性と、銀河、星、そして人間さえも含む小規模スケールでの不均質性など、宇宙で観測された多くの特徴を説明することができるように思われます。しかし、もし宇宙が完全に自己充足的で特異点や境界がなく、統一理論によって完全に説明されるのなら、それは創造主としての神の役割について深遠な示唆をしていることになるでしょう。

アインシュタインはかつてこう尋ねました。「神が宇宙を創造されるとき、神にはどれほど選択の余地があったのだろうか？」もし無境界仮説が正しいのなら、神には宇宙の初期条件を決めるにあたってまったく選択の余地はありませんでした。もちろん、神にはそれでも宇宙が従う法則を選ぶという自由はありました。しかしながら、これはあまりたいした自由とは言えないかもしれません。自己無矛盾な法則で、また宇宙の法則を探求したり神の本質について尋ねることのできる人間ほど複雑な構造物が存在できる完全な統一理論は、それはたとえばひも理論のようなものかもしれませんが、唯一かそうでなくても少数でしょう。

たとえ唯一の統一理論があったとしても、それは単に規則と方程式の集まりに過ぎません。その方程式に対して火を吹きこみ、宇宙をその方程式に従って進化させるようにしたのはどのような存在なのでしょうか？　数学的モデルを構築するという通常の科学のアプローチでは、なぜそのモデルで説明できる宇宙が存在すべきなのかという疑問に対して答えることができません。なぜ宇宙はわざわざ存在するのでしょうか？　統一理論があまりに強力なので、宇宙は自ら存在せざるをえないのでしょうか？　もしくは、創造主を必要とするのでしょうか？　もしそうなら、神は宇宙に対して他の影響も与えるのでしょうか？　そして誰が神を創ったのでしょうか？

これまでほとんどの科学者は、宇宙が投げかける疑問を説明する新たな理論を作り上げることに専念しすぎてきました。他方では、疑問を投げかけることが仕事である人々、つまり哲学者は、科学理論の進歩についていくことができていません。十八世紀においては、哲学者は科学を含む人類の全知識は自分たちの領域であると考えており、宇宙には始まりがあったのかといった疑問について論議していました。しかしながら、十九、二十世紀になると、科学は哲学者にとって、そして一部の専門家を除いて誰にとっても、あまりにも技術的で数学的になりました。哲学者は彼らの探求範囲を減らしてしまい、二十世紀において最も有名な哲学者であるウィトゲンシュタインは「哲学者にとって唯一残された仕事は言語の分析である」と述べています。アリストテレスからカントまでの哲学の偉大な伝統からの、何という落ちぶれぶりでしょう！

もし将来完全な理論が見出されるなら、それは一部の科学者のみのものではなく、根本理念として、いつか誰もが理解できるものとならなければなりません。そうなれば、哲学者、科学者、そして一般の人々がみな、「なぜ私たちや宇宙がこのように存在しているのか」という疑問についての議論に参加することができるようになります。もしその疑問の答えを私たちが見つけるならば、それは人類の理知の究極の勝利でしょう。そのとき、私たちは神の御心を知りえるからです。

アルバート・アインシュタイン

Albert Einstein

アインシュタインが原子爆弾に関して政治とつながりを持っていたことはよく知られています。彼は、アメリカ合衆国が原爆を開発するようフランクリン・ルーズベルト大統領に求めた有名な手紙にサインをしました。また戦後には、核戦争を防ぐ努力をしました。しかし、これは政治の世界に引きずり込まれた科学者が単発的に行った活動ではありませんでした。事実、アインシュタインの人生は、彼の言葉を借りると「政治と方程式の間で引き裂かれたもの」だったのです。

第一次世界大戦中、アインシュタインはベルリンで教授をしていましたが、このとき最初の政治活動を行いました。人の命が大事にされていないことにうんざりして、反戦運動に関わるようになったのです。彼が市民的反抗を支持したり徴兵を拒否する人々をおおやけに援助したりしたことは、同僚にはあまり受け入れられませんでした。そして戦後には、彼は国際関係の改善と和解に力を尽くしました。しかしこれもあまり評判が良くなく、それからまもなくすると、彼は政治活動のせいで、たとえ講義をするためであっても合衆国を訪問することが困難になりました。

アインシュタインの二番目の大儀はユダヤ主義でした。家系はユダヤ人でしたが、神についての聖書の教えを彼は拒絶していました。けれども、第一次世界大戦前から大戦中にかけて反ユダヤ主義の気運が高まったことで、彼はしだいにユダヤ人共同体と関わりを持つようになり、後にはユダヤ主義への積極的な支持者になりました。このときも周囲の評判はよくありませんでしたが、それでも彼は自分の考えを語ることをためらいませんでした。そのため、彼の理論に対する風当たりが強くなりました。反アインシュタイン組織さえ設立されました。アインシュタインの殺害を別の人に教唆《きょうさ》した男が、有罪を宣告されたこともありました（たった六ドルの罰金でした）。しかし、アインシュタインは冷静でした。『アインシュタインに反対する百人の著者』というタイトルの本が発行されたとき、彼はこう言い返しました。「万が一私が誤っているなら、一人で十分だったろうに！」

一九三三年にヒットラーが権力を握りました。そのときアメリカにいたアインシュタインは、ドイツには戻らないことを決めました。すると、ナチスの軍隊は彼の家を襲撃して銀行預金を没収し、ベルリンの新聞は「アインシュタインからの吉報——彼は戻ってこない」という見出しを掲載しました。アインシュタインは、ナチスの脅威を目にして平和主義を断念し、最終的にはドイツ人科学者が原爆を作り出すことを恐れて、合衆国が独自に開発を進めるべきだと主張しました。しかし、最初の原爆が投下される前から、彼は公然と核戦争の危険性を警告し、国際的な核兵器の管理を主張していました。

アインシュタインの平和への努力は、生涯を通じてほとんど達成されませんでしたし、味方になってくれる人もわずかでした。けれども、一九五二年には彼のユダヤ主義運動支持の公言が十分に認められ、イスラエル大統領職の申し出を受けました。しかし彼は、政治に関しては自分はあまりにも世間知らずであると言って、これを断りました。おそらく、本当の理由はそうではありませんでした。彼の言葉を再び引用すると、「私にとっては方程式のほうが大事だ。政治は現在のためのものだが、方程式は永遠のものなのだから」ということでしょう。

ガリレオ・ガリレイ

Galileo Galilei

ガリレオは、おそらく他のどんな人物よりも現代科学の誕生に関わっています。カトリック教会との名高い衝突は彼の信念の中心でした。というのも彼は、人間は世界がどのように動いているのか知りたいと願うものであること、さらにこれは実際の世界を観測することによってできるということを、真っ先に論じた一人だったのです。ガリレオは早くから地動説（惑星が太陽のまわりを回っているという考え）を信じていました。しかし、公然と地動説を擁護《ようご》し始めたのは、これを支持するのに必要となる証拠を見つけてからでした。彼は（通常の学術的なラテン語ではなく）イタリア語で地動説について記述しています。彼のこの意見は、すぐに大学外で広く受け入れられるようになりました。この事態に困惑したアリストテレス学徒の教授たちは、団結して、地動説を禁じるようカトリック教会に説きつけました。

これに困ったガリレオは教会当局と話すためにローマへ行きました。聖書は人々に科学的理論を教えることを意図しているものではなく、また、常識と相反する箇所については、寓話と考えるのが普通であると、彼は主張しました。

しかし、教会側はプロテスタントに対する闘いの土台を揺るがすかもしれないスキャンダルを恐れて、弾圧的な対策をとりました。教会側は一六一六年に地動説は「不正確で誤り」であると宣言し、ガリレオに二度とその説を「弁護したり同意したりしない」よう命令しました。ガリレオは黙って従いました。

一六二三年にガリレオの長年の友人がローマ法王になりました。すぐにガリレオは一六一六年の勅令を取り消させようとしました。彼はこれには失敗しましたが、アリストテレス学徒の理論と地動説の両方について論じる本の執筆許可を何とか得ることができました。執筆には二つの条件が課せられました。一つは、どちらの説も支持しないということ。もう一つは、神は人間には想像のできない方法で世界を動かすので、全能なる神に制限を与えることのできない人間にはどんな場合でも世界がどのように動いているかを決めることはできないという結論にするということです。

彼の執筆した『世界二大体系についての対話』は、検閲者の十分な支援のもとで一六三二年に完成し、出版されると、文学と哲学の傑作としてヨーロッパ全土にすぐに受け入れられました。しかし、ローマ法王は、すぐにその出版を許可したことを後悔しました。というのは、人々がこの本を求めるのは、地動説を支持する確信的な議論がなされているからだということに気づいたからです。この本は公式に検閲の承認を得ていたにもかかわらず、ローマ法王はガリレオが一六一六年の勅令に違反していると主張しました。ローマ法王はガリレオを宗教裁判にかけ、無期自宅軟禁を言い渡し、公的に地動説を放棄するように命令しました。このときも、ガリレオは不本意ながら従いました。

ガリレオは忠実なカトリック教徒であり続けましたが、しかし、科学は独立しているという彼の信念は決して押しつぶされることはありませんでした。彼が亡くなる一六四二年の四年前、まだ自宅に軟禁中だったガリレオの二冊目の主要著書の原稿が、オランダの出版社にひそかに持ち込まれました。この『新科学対話』と呼ばれる著作こそ、地動説の支持以上に、現代物理学の起源となるものでした。

アイザック・ニュートン

Isaac Newton

アイザック・ニュートンは感じのよい人ではありませんでした。他の学者たちとの関係は評判が悪く、晩年の大半は激しい論争に巻き込まれていました。彼の著書『プリンキピア』は物理学の分野で間違いなく最も影響力のある本ですが、この本が出版された後、ニュートンは世間に急速に名を馳《は》せるようになります。彼はイギリス王立協会の会長に任命され、科学者として初めてのナイト爵となりました。

ニュートンはすぐに王立天文台長のジョン・フラムスティードと衝突しました。フラムスティードはかつてはニュートンに『プリンキピア』に必要な多くのデータを提供していましたが、その後はニュートンの欲しがる情報を出し渋るようになっていました。ニュートンは彼の拒否を承諾しませんでした。自らを王立天文台の運営組織の役職に任命させ、データを即座に公表することを強制しようとしたのです。最終的に、彼はフラムスティードの研究を押収する手配をし、フラムスティードの恨み重なる敵であったエドモンド・ハレーによって出版されるように準備をしました。しかし、フラムスティードは間一髪で事態を法廷に持ち込み、盗まれた仕事の出版を禁止するという法廷の判決を勝ち取りました。ニュートンは激怒して、『プリンキピア』の以後の版でフラムスティードについての言及をすべて几帳面に削除することで、復讐しようとしました。

より深刻な論争は、ドイツ人哲学者ゴットフリート・ライプニッツとの間に生じました。ライプニッツとニュートンはそれぞれ別々に、現代物理学の土台となる微積分と呼ばれる数学の一分野を発展させました。ニュートンが微積分をライプニッツよりも何年も前に発見したことを私たちは今では知っていますが、ニュートンがその業績を発表したのはライプニッツよりもずっと後でした。どちらが先かという大きな論争が起こり、科学者たちは両者を活発に弁護しました。

しかしながら、注目すべきことに、ニュートンの弁護として新聞に載った記事の大半は、友人の名前で発表されていましたが、実際はもともと本人によって書かれていたのです。騒動が大きくなると、ライプニッツはイギリス王立協会に論争を解決するよう求めるという失敗を犯しました。会長であるニュートンは「公平」な調査委員を任命し、その委員は「偶然にも」すべて彼の友人からなっていました！　それだけではありません。ニュートンは委員会の報告書を自分で書き、イギリス王立協会にそれを出版させ、公式にライプニッツを盗作の罪で告発したのです。それでも満足しないニュートンは、王立協会の定期刊行物において報告書への匿名の書評を書きました。ライプニッツの死後、ニュートンは「ライプニッツを失望させた」ことにおおいに満足したと宣言したと言われています。

これら二つの論争の間に、ニュートンはすでにケンブリッジを離れ、学究生活からも引退していました。彼はケンブリッジで、またその後は議会において、反カトリック政治活動に活発でした。最終的には王立鋳貨《ちゅうか》局の管理人という金になるポストを報酬として与えられました。ここで彼は、巧妙かつ手厳しく、より社会的に許容される方法で彼の能力を使い、主だった反通貨偽造キャンペーンを首尾よく行い、何人かの人を絞首台に送りさえしました。

用語集

●アインシュタイン=ローゼン・ブリッジ　二つのブラックホールをリンクして二つの時空を結ぶような管。「ワームホール」を参照。

●暗黒物質　銀河や、銀河団の中、また銀河団の間にある物質。光や電波で直接観測はされていないが、その重力の効果によって検出できる。暗黒物質は宇宙における質量の九〇％程度を占めているとされる。

●位相　波が振動するとき、その一周期の中でどの位置にあるかを示す量。山や谷、その中間といった位置を表す測度。

●一般相対性理論　重力が存在している一般の場合について、観測者がどのように運動していようとも科学の法則はすべての観測者にとって同じであるべきだという考えに基づいたアインシュタインの理論。四次元時空が曲がっている効果として重力を説明する。

●宇宙項　宇宙を膨張させる効果を時空に与えるために、アインシュタインがアインシュタイン方程式に導入した一つの項。

●重さ　重力場の効果によって物体に及ぶ力。重さはその物体の質量に比例しているが、同じではない。

●核融合　二つの核がぶつかり、一つのより重い核に融合合体する過程。

●仮想粒子　量子力学において、決して直接検出することはできないが、その存在を示す効果は測定できる仮想的な粒子。

● **加速度** 物体の速度が変化する度合い。

● **ガンマ線** 短波長の電磁波。放射性崩壊か素粒子の衝突によって発生する。

● **空間的次元** 縦、横、高さというように空間を表す三次元のどれか、言い換えれば時間以外の次元。

● **クォーク** 強い力で相互作用する基本粒子。陽子と中性子はそれぞれ三つのクォークで構成される。

● **原子** 小さい原子核(陽子と中性子からなる)とそのまわりを周回している電子で作られる、通常の物質の基本単位。

● **原子核** 原子の中心にあって陽子と中性子が強い力によって結合した部分。

● **光子** 光の量子。

● **光秒(光年)** 一秒(一年)で光が進む距離。

● **座標** 空間と時間における位置を指定する数。

● **時空** 事象が起こった時間、空間的位置を表す点を持つ四次元の空間。

● **事象** 時空上の一点で、時間と場所によって特定される。

● **事象の地平面** ブラックホールの境界。

● **質量** 物質の量。慣性、または加速への抵抗の度合いに対応する。

● **磁場** 磁力を担っている場。現在では電場と不可分な場であることがわかっており、一緒に電磁場を構成する。

● **重力** 四つの基本的な力の中で最も弱く、到達距離が最も長い力。

● **振動数** 波の一秒あたりの周期の数。

● **スペクトル** 一般に波はいろいろな振動数の波の重ね合わせであるが、どんな振動数の波がこの波を作っているのか表すもの。太陽の可視光のスペクトルは虹として見ることができる。

● **赤方偏移** ドップラー効果によって私たちから遠ざかっている星からの光が赤くなって見える現

象。

●**絶対零度**　物理学的に最も低い温度で、物質の熱エネルギーがまったく存在しない状態。

●**双対性**　一見異なる理論から同じ物理的結果が導かれるという、理論の間の関係。

●**測地線**　二点間の最も短い（もしくは逆に最も長い）経路。

●**素粒子**　これ以上分割されないと考えられている粒子。

●**大統一理論（GUT）**　強い力、弱い力、電磁力を統一する理論。

●**中性子**　陽子とよく似ているが電荷を持っていない粒子。ほとんどの原子核の中にある粒子のおよそ半分は中性子。

●**中性子星**　超新星爆発の後に残骸として残る冷たい星。星の中心のコア物質が重力崩壊すると高密度の中性子物質となる。

●**強い力**　四つの基本的な力の中で最も強く、到達距離が最も短い力。クォークを結合して陽子と中性子を形成し、陽子と中性子を結合して原子核を形成している。

●**電荷**　同じ符号を持った粒子の間では反発力が、反対の符号を持った粒子の間では引力を生じさせる、粒子が持つ電気の特性を表す量。

●**電子**　原子核の周囲を軌道を描いて回る負の電荷を持つ粒子。

●**電磁力**　電荷を持った粒子の間に生じる力。四つの基本的な力の中で二番目に強い力。

●**電磁力・弱い力の統一エネルギー**　電磁力と弱い力が同じ強さになり、区別が見えなくなるエネルギー（およそ百G電子ボルト）。

●**特異点**　時空の曲率やその他の物理量が無限大になる時空の点。

●**特殊相対性理論**　重力が関係する現象を除いて、観測者がどのように運動していようとも科学の法則はすべての観察者にとって同じであるべきだという考えに基づいたアインシュタインの理論。

● **波／粒子の二重性**　波と粒子の間にはどんな区別もないという量子力学の概念。ある時は粒子は波のように、また波は粒子のように振る舞う。

● **ニュートリノ（中性微子）**　弱い力と重力のみで相互作用する非常に軽い粒子。

● **人間原理**　この宇宙は、あたかもちょうど人類が誕生するよう細かく調整されているように見える。人類という認識主体が生まれない宇宙は、存在しても認識されないので、認識される宇宙はちょうど人類が誕生する宇宙のみであるとしてこれを説明する考え方。

● **場**　時空の中に広く存在するもので、粒子が時空の上で一点しか占めないのと対比される。

● **波長**　波の一つの谷から次の谷までの距離、もしくは山から次の山までの距離。

● **反粒子**　どのタイプの物質粒子にも、質量は同じだが電荷などそれ以外の性質が反対になっている、対応する反粒子がある。粒子がその反粒子と衝突すると、エネルギーだけを残して、両方とも消滅する。

● **ビッグクランチ**　宇宙の終わりの特異点。

● **ビッグバン**　宇宙の始めの特異点。

● **ひも理論（弦理論）**　粒子をひもの上の波だとして記述する物理学の理論。ひもには長さはあるが他にどんな寸法もない。

● **不確定性原理**　ハイゼンベルクによって定式化された、粒子の位置と速度の両方を正確に決めることは原理的に不可能であるという原理。どちらかが正確に決められていればいるほど、他方は不正確にしか決めることができない。

● **ブラックホール**　重力が非常に強いため、光でさえそこから逃げることができない時空の領域。

● **プランクの量子仮説**　光（または他のあらゆる古典的な波）は離散的な量子としてのみ放出また

は吸収されるとする仮説。量子のエネルギーは振動数に比例し、波長に反比例する。

●**放射能**　原子核が自発的に崩壊し別の原子核になるとき放射線を放出すること。

●**マイクロ波背景放射**　熱かった初期宇宙の放射の名残りとして観測されるマイクロ波（数センチメートルの波長の電波）。宇宙のあらゆる方向から背景電波としてやってくる。これが光として見えるのではなくマイクロ波となるのは、宇宙膨張によって光が赤方偏移したため。

●**無境界条件**　宇宙は有限であるにもかかわらず、どんな境界も存在しないという条件。

●**陽子**　中性子とよく似ているが正の電荷を持っている粒子。ほとんどの原子核の中にある粒子のおよそ半分は陽子。

●**陽電子**　電子の反粒子。正の電荷を持つ。

●**弱い力**　四つの基本的な力の中で重力の次に弱く、到達距離が非常に短い力。すべての物質粒子と相互作用するが、力を運ぶ粒子には作用しない。

●**粒子加速器**　運動している粒子を電磁石を用いて加速し、粒子に大きなエネルギーを持たせる装置。

●**量子力学**　プランクの量子仮説とハイゼンベルクの不確定性原理を発展させてできあがった理論。

●**レーダー**　パルス状の電波を発射すると、この電波が遠方の物体にあたって反射する。反射して帰ってくる電波がどれだけ遅れて帰ってくるかを測定し、物体の位置を検出する装置。

●**ワームホール**　宇宙の遠方の領域を結びつける時空の管。果物の中をくりぬいている虫食い穴のように、空間の二点間を結ぶ近道になっている。ワームホールは二つの平行宇宙を結びつけたり、赤ちゃん宇宙を結びつけたりすることができる。またタイムトラベルの可能性を示唆するものでもある。

訳者あとがき

スティーヴン・ホーキングは「車椅子に乗った天才」とも言われる宇宙論の世界的研究者である。また宇宙論でどのような面白い研究が進められているのかを発信するスポークスマンとしてもすばらしい活躍をしている。読者の中には、世界的なベストセラーとなった最初の本『ホーキング、宇宙を語る』（早川書房、一九八九年）を読まれた方も多いであろう。

序文に書かれているように、今回の本、『ホーキング、宇宙のすべてを語る』の英文原著のタイトルは、最初の本のタイトルの brief（簡潔な）を briefer（さらに簡潔な）に換えただけである。しかし、もちろん単に簡潔にしたのではなく、最新の成果をとりいれた本を新たに執筆したのである。序文に強調されているように、前の本と比べると、はるかにわかりやすい。専門的過ぎた内容は削られ、より簡潔にはなっているが、本として短くなったわけではない。丁寧な説明が加えられ、ゆったりと書かれているからである。科学の解説書には写真や解説図が不可欠であり、前の本にもモノクロのあっさりした図は含まれているが、この本にはコンピューターで描かれた非常に多くのカラー図版が含まれている。ホーキングの茶目っ気ある性格によるのであろうが、量子論的位置の不確定を説明するため、自分の写真まで用いて工夫している。

この本がわかりやすくなっているもう一つの大きな理由は、サイエンスライター、レナード・

ムロディナウが執筆者として加わっていることであろう。彼は単なるサイエンスライターではなく、博士号も持っている元科学者である。これにより、歴史的記述など内容が大幅に充実し、構成も系統だったものとなっている。

さらに、当然のことであるが、前の本からもう二十年近く経っていることから、科学的内容には大幅に新しい進歩が盛り込まれている。この間に、宇宙論の研究分野は理論主導から大きく観測主導の時代となり、多くの新たな発見が行われた。宇宙論の研究は激動の時代であったと言えよう。それにより宇宙の理論の検証が大いに進んだ。その代表的なものが、宇宙背景放射探査衛星COBEとWMAPの観測である。これらの観測は、私もその理論の提唱に寄与したインフレーション理論と見事に一致した。ホーキングの「宇宙の無境界仮説」も同様に支持を得た。もちろん、米国NASAの宇宙望遠鏡、ハッブル望遠鏡の活躍もすばらしい。従来の観測では何も天体が見えない暗闇の領域を長時間観測することにより、およそ百億光年という遠方に、多くの生まれたての不規則な銀河が浮かび上がってきた。宇宙論では、光でも到達するまで長時間を要することから、遠方とは過去、つまり宇宙の始まった頃ということを意味する。これらの観測により、私たちは今や宇宙の年齢を百三十七億年と三けたの有効数字で正確に知っているのである。宇宙の初め、インフレーションの時代に作られた量子的ゆらぎが成長し、現在の銀河団、銀河などの宇宙の構造が作られたという宇宙進化のパラダイムは揺るぎないものになりつつある。

ホーキングの研究分野である理論、とくに量子重力分野でも大きな発展があった。超ひも理論、および超ひも理論の示唆するブレーン宇宙論の進展である。すべての物質、それに働く力すべてを統一的に理解する理論、万物の理論、また究極の理論と呼ばれる理論は未完ではあるが、今の時点で唯一の有力候補は、この超ひも理論である。第9章以降にくわしく展開されているように、私たちの宇宙は十一次元、もしくは十次元の空間に浮かぶ一枚の「膜」のようなものなのだと言うのである。一般の皆さんには奇想天外に見える研究を、世界の素粒子の研究者や相対論的宇宙論の研究者が大まじめに研究しているのである。私たちの実感する三次元の空間と一次元の時間以外の次元は余剰次元と呼ばれるが、そこにはどんな物質も、もちろん私たちも移動できない。物質の本性は「ひも」であり、両端がこの膜に固定されているので、膜から離れることはできないのである。数年前、私の翻訳したもう一冊の本『ホーキング、未来を語る』(アーティストハウス、二〇〇一年)の英文タイトルは *The Universe in a Nutshell*、つまり直訳すれば「クルミの殻のなかの宇宙」である。クルミの殻とはここで言うブレーンのことで、つまりこのブレーン宇宙論を主題として、宇宙論を解説したものである。

今回の本の特徴は、単に個別科学としての宇宙論の解説にとどまることなく、宇宙、この物質世界をいかに認識、理解するかという自然哲学的観点も含まれていることであろう。宇宙論は当然そうであるべきなのだが、通常の解説書ではこれほど深入りはしない。第3章、科学理論の本質で、彼の自然観、科学観が明確に述べられている。ホーキングは神学論争を楽しむ家庭に育ったようであるが、神という言葉がこの本ではよく使われている。第11章の究極の理論をめぐる

学者には強い不信感を持っているようだ。

「全能の神のパラドックス」などにもこれがうかがわれる。ただホーキングは、第12章で「哲学者は科学理論の進歩についていくことができていません」と述べているように、現代の哲学、哲学者には強い不信感を持っているようだ。

この本の翻訳にあたっては多くの方のお世話になった。翻訳の第一稿は私の長男、佐藤剛によるものである。剛は高校時代にケンブリッジのパブリックスクールに留学したが、ホーキングの次男、ティムと同じ学年の生徒としてともにそこで学んだ。いちいち名前はあげないが多くの人たちから翻訳にあたってご意見、示唆をいただいた。ランダムハウス講談社の遠山美智子さんには、原稿の整理校正をはじめ、たいへんお世話になった。実に緻密な原稿のチェックなど、遠山さんの支援なしではこの翻訳はできなかったであろう。深く感謝したい。

この本が前の本と同様、年齢、職業を越えて多くの方々に読まれることを期待したい。そして、著者の希望するように科学者が描き出してきたこの宇宙、物質世界の面白さをぜひ多くの皆さんに味わってほしいと願っている。

二〇〇五年八月

佐藤勝彦

索引

あ

か

ま

や

ら

わ

著者紹介

スティーヴン・ホーキング

ケンブリッジ大学ルーカス記念講座教授。1942年、オックスフォード生まれ。オックスフォード大学、ケンブリッジ大学大学院で物理学と宇宙論を専攻。1974年、史上最年少の32歳でイギリス王立協会会員となる。1979年より現職。筋萎縮性側索硬化症と闘いながら精力的に研究を続けている。著書に『ホーキング、宇宙を語る』(早川書房)『ホーキング、未来を語る』(アーティストハウス) などがある。

レナード・ムロディナウ

カリフォルニア大学バークレー校にて博士号を取得、カリフォルニア工科大学特別研究員、アレクサンダー・フォン・フンボルト財団招聘研究員として物理学を研究。その後ハリウッドで脚本家として活躍する。著書に『ユークリッドの窓』(NHK出版)『ファインマンさん最後の授業』(メディアファクトリー) がある。

訳者紹介

佐藤勝彦 さとう・かつひこ

東京大学大学院理学系研究科教授、ビッグバン宇宙国際研究センター長。1945年、香川県生まれ。京都大学大学院理学研究科物理学専攻博士課程修了。理学博士。北欧理論原子物理学研究所客員教授、東京大学理学部助教授を経て、現職。専門は宇宙物理学、宇宙論。インフレーション理論の提唱者の一人であり、国際天文学連合宇宙論部会長、日本物理学会会長を務めるなど、その功績は世界的に認められている。著書に『宇宙はわれわれの宇宙だけではなかった』(PHP研究所)『相対性理論』(岩波書店) などがある。

ホーキング、宇宙《うちゅう》のすべてを語《かた》る

2005年９月28日　第1刷発行
2005年12月６日　第4刷発行

著者　スティーヴン・ホーキング
レナード・ムロディナウ
訳者　佐藤勝彦
ブックデザイン　GRiD

発行者　軒野仁孝
発行所　株式会社ランダムハウス講談社
〒162-0814 東京都新宿区新小川町9-25
電話03-5225-1610（代表）
http://www.randomhouse-kodansha.co.jp

印刷・製本　豊国印刷株式会社
©Katsuhiko Satoh 2005, Printed in Japan

定価はカバーに表示してあります。

乱丁・落丁本は、おそれいりますが小社までお送りください。送料小社負担でお取り替えいたします。

本書の無断複写（コピー）は著作権法上での例外を除き、禁じられています。

ISBN:4-270-00097-X